天蘭尋味101

Follow Tien-Lan's Taste

胡天蘭的美味點評

胡天蘭—著

序

繞著台灣打牙祭

火車上閉目養神，盡量放空，對即將展開的花東之旅，心裡充滿期待，相對也參雜著擔憂——難得跑一趟花東，不知朋友推薦的餐廳，是否也是我極力找尋的目標？贏得原民廚藝競賽的朋友，對原民食材涉獵甚廣，相信她應該有欣喜的發現。

循著阿美族人生活的社區，朋友耐心地向我介紹路邊茂盛生長的各類野菜，以及可供炊食包裹的奇特植物。用餐時刻，我們就到原民風味餐廳，吃大都會裡無從找到的特色菜餚；我突然發現，因為這趟尋味之旅，我對原民的飲食生活文化，認識更深刻。

東海岸的美真是令人驚嘆，在台東的那界・海享受音樂燭光晚餐，更是終生難得遇上的經驗，可惜店主人太瀟灑、太隨興，沒有心情的時候，經常卸下俗務，臨時放自己大假去，即使再眷戀那個處所，我也只有忍痛割愛，無法把它列入我的美食行腳紀錄。

一個愛海的男人，從小在母親搓揉的米糰中長大，除了大海，他最有興趣的事，就是把母親的好手藝示人。有著母親強烈的基因，他的麻糬做得細膩無比，台東人喜歡，也喜歡把它推薦給來台東旅行的外地人。我並沒有多愛吃麻糬，但嚐過陳志和做的麻糬後才理解，原來池上的米不是只有做便當好吃而已！

嫁夫隨夫的素貞，本來只想協助夫婿經營單純的陶藝店，卻始終難忘兒時祖母沖泡的擂茶味。她在姐妹同心齊力下，經營起台灣第一家擂茶店，我只要一心煩氣躁，就想驅車直奔台三線，看看每天都在專心做好一件事的三姐妹，只要喝到她們家的擂茶，什麼煩惱鬱悶都煙消雲散，回程帶回送給朋友的擂茶，也總是贏得朋友的讚許。

不分酷暑寒冬，年輕人總是人手一杯泡沫紅茶，這讓人慨嘆的景象，是否意味著珍奶、加味茶已跟台灣茶劃上等號？正為如何找回台灣味鎖眉的我，在淡水找茶時意外發現，兩個具備美術背景的年輕人默默地、竭誠盡心地，在淡水老街努力刻劃台灣茶該有的印象，初次走入之間茶食藝，我不僅為內部的文化氛圍所震撼，更為台灣茶文化仍有新生代沿襲維護而感動。

大家都說全程手工做的麵食最好吃，開麵食館近二十年的陳永祺就是要試圖改變，他獨排眾議，大膽新嘗試，重金禮聘機器人一台，把和好的麵糰交給它，這個不休假、不抱怨、不遲到早退、不鬧情緒的老實員工，把刀削麵削得厚薄均勻。只要人工煮麵的時間把握好，拌麵醬夠香，客人完全不覺察、甚至不在意吃在嘴裡的麵條究竟是不是機器人削的。

三十年前，農業社會常見生活用品簑衣、磚牆、木板凳架構出的台菜餐廳風行一時，曾幾何時，民初上海灘建築風格的台菜餐廳，竟然矗立在高雄美麗的愛河邊，中生代總鋪師與新生代接受現代化餐飲教育的經理人，父子合力讓台菜餐飲呈現磅礴大氣。

為了撰寫這本飲食紀錄，我花了好幾個月的時間南來北往、東奔西馳，懶散多時、幾乎快腐鏽的書寫引擎，就像上了油進場保養修復般，活力再起。台灣的飲食風尚瞬息萬變，然而，不論再怎麼變化，它始終有耐人尋味的一面，值得我們細膩觀察、品味。

目次

壹、台灣好味道

貳、中菜處處聞

目次

參、異國多美味

目次

肆、輕食最繽紛

目次

壹

台灣好味道

〇〇一・台北 大晟複合式料理

六張犁的山海複合味

在台北信維市場邊開海產店十七年，客人常為排隊等位牢騷滿腹，見妻子總為調解客訴所苦，阿霖索性在老主顧的介紹下，把店搬到六張犁捷運站附近空間比較大的地方，繼續晚餐宵夜生意。

跟大多數海產店廚師不同，阿霖早年師習於北方菜老店松竹樓，學到不少爆炒煨燴的扎實工夫，即使海產店多以蒸煮表現原汁原味，他還是不能忘情於那些曾經讓吃客一臉滿足的老菜。

單看酸辣湯這一味，尋常水餃店未經專業訓練的煮法，跟北方館老師傅調教出的味道就是不同。主顧們到大晟一坐定，海產、燒烤、小炒都點完，總不忘加道酸辣湯，那細緻的酸

❶ 三杯雞。
❷ 炒A菜。
❸ 極鮮海鮮烤，實在美味。

香，突顯了酸醋與胡椒粉比例的精準拿捏。

想喝兩盅豈能少了麻辣開胃？豆乾炒牛肉這道菜，牛肉不取粵菜做法，炒前以嫩精抓醃，空有嫩度卻牛味盡失，阿霖用蛋清抓醃薄片牛肉後再輕甩，保留牛肉本身的風味，再與薄片豆乾加川味花椒、豆瓣醬拌炒，辣香十足的這道菜，讓人忍不住想多添碗飯。

捨得下蒜頭、老薑小火煸，雞肉只用仿土雞雞腿的三杯雞，酥而不柴，相當入味，做菜不喜歡用味精的老闆大廚，菜裡多下了些糖調味，因為蒜頭、薑片和濃縮醬汁的融合，令這道出自海產店的新派台菜倒也不甜膩。

秋冬少不了來些麻油小炒，麻油腰花本應又滑又嫩，為遷就多數主顧要求，這道老台味炒成了不見血的略硬口感，喜歡腰花保持該有的滑嫩，只要特別交代老闆即可。

野生海產須預訂，以口感形同黃魚的火口為例，是燒糖醋魚的不二之選，洋蔥、青椒、番茄一一炒香，加番茄醬燒煮勾芡，淋在炸得外酥內嫩的鮮魚上，甜酸夠味。

[哪裡吃 | **大晟複合式料理**

(02)2739-5188　台北市大安區和平東路三段228巷53號]

〇〇二・台北

我家客家菜

台北原鄉客家味

當房仲的豐盈收入，讓秀娟一家生活富足，未料好心借貸卻遭倒債，孩子的學費、生活費則無法拖欠。她毫不猶豫地在石牌開了個補益小店，熬補湯維持家計。

薑母鴨、羊肉爐冬補尚可，酷暑時店裡卻門可羅雀，秀娟轉向開客家菜館有成的哥哥學藝，轉賣客家菜後，我家客家菜聲名日揚。黃澄澄的白斬雞，滑嫩無比，吃一盤還想外帶一盤；梅乾菜燒肉梅菜香、肉質扎實，是上門熟客必點的一味。

想突破客家菜予人的刻板印象，我家客家菜自創了茶油蝦，以熟識煉油廠提煉的苦茶油，將鮮蝦先行炒熟，再以含著蝦味的茶油炒飯，米飯下鍋的同時還伴隨著飛魚卵入鍋，不

茶油蝦。

❶ 白斬土雞。
❷ 七、八月盛產的毛柿。
❸ 清蒸地震魚頭。
❹ 客家茄子。

需太多鹽，茶油蝦飯海味十足。

老客人喜歡茶油蝦，更愛茶油蝦飯的附加價值，那粒粒分明的，不僅是米飯，還有咬在嘴裡彈性十足的魚卵，整碟飯在娟姨的巧手調理下，食盡碟也爽淨，不見半點餘油。

八十好幾的客家老嬸婆依然壯健，一批批的花椰菜曬好了醃好了，便從高雄寄上台北，以水泡上一晚，蒜頭蔥末爆香，加點油滋滋的三層肉同炒，花椰菜乾下飯最搶手。

吃客家菜怎能漏了色澤動人的客家茄子？店主人堅持用俗稱的麻糬茄，只要到市場挑茄子，總不忘搖晃紫茄以確定軟嫩。柔軟的麻糬茄洗淨擦乾，滾刀切斜段，油炸後以適量的蒜頭、蔥、醬油與水燒透，起鍋前下些九層塔，風味提升百分百。

客家小炒是店主堅持不加芹菜炒出的代表菜，理由是即使魷魚成本高，也不能被其他食材取代，我家客家菜吃到的客家小炒所賦予的，是原鄉人僅以蔥段、魷魚加豬肉架構出的原本風貌。

哪裡吃

我家客家菜
(02)2823-2219　台北市北投區西安街二段125號

必點！
鹹冬瓜蒸魚

〇〇三・台北

茂園餐廳

四十年台菜老字號

老爸忙於建築主業抽不開身，孝順的素杏於是拋下所有少女時代的夢想，替父親照顧才開張的小台菜館，整天時光幾乎都耗在餐廳，跟家人歡敘的時刻少之又少，素杏一直告訴自己，兒子長大後再也不讓他投入餐飲。

人生就是這麼微妙，越擔心的事常常越會發生，一峰有空就往餐廳鑽，時間久了，竟也把阿公開的這家餐廳當成自己第二個家，儘管母親一再苦勸，他還是捨不得把媽媽付出一生心血的餐廳頂讓掉。

就這樣，茂園餐廳成功交棒，由少東標一峰親自掌理，跟過去母親管店的時候一樣，什麼季節該進什麼魚，何時該催鄉下的親戚補鹹冬瓜、老菜脯、花菜乾到店裡，他總是有條不

❶ 花菜乾炒黑木耳。
❷ 滷豬腳與滷大腸。
❸ 老菜脯排骨湯。
❹ 破布子炒水蓮。

紊、效率神速地完成。

鹹冬瓜蒸魚是招牌菜，不分大魚小魚，用鹹冬瓜蒸都好吃。鹹冬瓜先以冷開水略事沖洗再拌上麻油添香，調點鹽平衡鹹度，置於對剖開並略微汆燙過的鮮魚上，蒸十餘分鐘。魚上排列的冬瓜，就像鳳梨酥餡，散發著吉祥黃金色澤，那深沉的發酵香在魚肉間層層暈開。

走遍全台都吃得到的白斬雞，在茂園同樣熱銷，師傅通常將土雞煮至八九分熟，熄火再燜上些時間，吊掛起的土雞冷卻後不僅皮的質感緊緻，皮與肉之間還夾著透明的皮凍，咬在口中格外鮮嫩。

燙過的豬腳冷凍上一兩天，不用滷包，只下醬油酒糖蔥薑蒜，文火滷到入味，與滷大腸合成豬腳大腸雙拼，酒飯均宜。曬乾的白花椰菜有種類似客家福菜的漬香，吃過大魚大肉後，來道花菜乾炒黑木耳非常解膩。

炒青菜是點菜慣例，想試試有別於一般葉菜者，倒可參考加上破布子跟青蒜清炒的炒水蓮，口感尤其清脆。

哪裡吃

茂園餐廳

(02)2752-8587　台北市中山區長安東路二段185號

〇〇四・台北

津食堂

總鋪師ㄟ便當

爐火正旺，阿哲檢視著油溫，鄉間灶腳辦桌的熱鬧情景，五星級飯店廚房裡伙頭兄弟通力合作的畫面，交替浮現腦際……「五個排骨！」兒子的吆喝聲，息止了腦中的畫面。他熟練地拿起排骨，架勢從容，一片片投入滾油鍋。

二十五年前，廚師阿哲決定跟妻子自行創業，夫妻倆在景美女中旁開起簡樸的便當店，兒子懂事貼心，國中起放學回家便捲起制服，主動幫父母洗菜備菜，幾年下來，完成大學教育的他們，仍不忍父母獨自辛勞，兄弟倆偕同妻子，一家人同心協力灌溉菜園般的小便當店。

資深的廚師當了一輩子，多清淡少油炸的

❶ 紅燒魚。
❷ 油炸過程。
❸ 排骨便當。

道理阿哲何嘗不懂？但排骨便當始終是國人喜愛的便當，要是能勤換油、選擇上好的鮮肉跟簡單的調味來製作，美味的排骨便當不是既能讓消費者解饞，又不致吃下過多有害物質？

拍打剔筋的大排骨，以醬油、糖、鹽、芹菜碎、香菜末、五香粉、肉桂粉、黑胡椒粉醃上一天，入味後略微瀝乾，顧客點食確認後，才逐一沾濕粉油炸。

選擇把一件事做好，就專注做一件事，哲師傅的津食堂每天僅供應中餐，卻也把現點現炸的排骨便當做出了名號，一片片色澤金黃、肉質豐厚、肉汁鮮美的炸排骨，在多款選擇的小菜配搭下，讓人忍不住想狼吞虎嚥，把熱呼呼的現炸排骨、附菜、白米飯，一股腦兒全祭進五臟廟。

油豆腐、番茄炒蛋、蛋酥大黃瓜、北方家常菜大白菜炒粉絲，還有炸得色澤漂亮的紫色茄子，單是任選三樣配菜排在便當的小格子中，雪白的米飯便增色不少，洗得乾淨徹底、無砂的梅乾菜炒肉末，也是開胃的配菜之選。

哪裡吃
津食堂
(02)2937-3537　台北市文山區忠順街一段121巷1號

必點！苦瓜羊肉

〇〇五・台北 莫宰羊精緻羊肉料理

北台灣老字號羊肉店

客人要吸管居然不是為了喝飲料，而是吸羊骨髓用的。沒見過這種吃法的大陸餐館老闆好奇萬分，想問出些所以然，隔桌的吃客熱心地替他解惑，說我們台灣人對好吃的東西，半樣不錯過，吃羊骨髓，自然是用吸的。

每年一到立冬，台灣羊肉爐、藥膳小吃的生意便熱活起來，人們不但吃羊肉、喝羊肉湯，還不忘好好把羊骨髓給吸個夠，羊的肉、湯、髓都吃了，這一年的冬天即使再冷，也不用發愁了。

台北捷運港墘站旁的莫宰羊，是北台灣知名的老字號羊肉專賣店，以羊腳骨、肋骨以及羊腩與羊五花肉深熬出的湯底，讓清燉涮羊肉無比甘鮮，整個湯鍋裡，除了小羔羊羊肩捲肉

❶ 清燉涮羊肉片。
❷ 羊貴妃（小羔羊羊腩）。
❸ 涼拌羊肚絲。

片、羊肉丸子可以用腐乳辣醬沾著吃，粗骨的骨髓以吸管飽吸，更是有趣。

喝湯全身暖和，如果再配點涼菜更協調，涼拌羊肚絲值得一試，羊肚裡內膜積油得先剝除，切成絲後快速汆燙再冰鎮，才能以蒜頭、辣椒、糖、醋、香油、辣油跟醬油拌入味，上桌前還須加點薑絲，並以冰鎮過的洋蔥絲墊底，羊肚揪著薑絲、洋蔥絲一起吃特別爽口。

帶皮的五花小羔羊羊腩，跟備高湯用的羊大骨、羊小排，和適量的當歸、桂枝、川芎、甘草一起熬煮，煮至一小時光景涼置便可上桌，異常美味的小羊腩點菜率高，因而也容易缺貨，吃得著是莫大口福。

羊肉屬熱性，雖然蔥爆羊肉、沙茶羊肉都是好吃的小炒，以苦瓜炒羊肉也是不錯的點子。蒜頭、辣椒、小魚乾爆香後下苦瓜片，以醬油、蠔油、先行炒出的豉醬調味，翻炒幾下苦瓜脫生出味，便是下羊肉快炒的時刻，用羔羊羊腿肉炒出來的苦瓜羊肉，醬香、丁香、辛香俱足。

哪裡吃

莫宰羊精緻羊肉料理
(02)2656-0939　台北市內湖區內湖路一段639號

〇〇六・台北

漁爸爸

阿叔的招牌旗魚飯

為了讓孩子的便當更豐富些，不蓋房子的時候，賴爸爸隨著花蓮豐濱的漁民出海捕魚，顛簸的航程讓人翻胃，可是一想到孩子們吃著自己燒的旗魚飯、小臉蛋綻放著陽光般的笑容，他旋即轉移注意力，搜索著海中旗魚的蹤影。

按著父親調教的撇步，益章也學會了挑魚與燒魚，他陡然發現父愛其實才是天下最美的滋味。做旗魚飯本只為了把兒時味分享給相熟親友，拗不過姪兒俊偉以及他表演團隊夥伴俊儒、小七的請託，他把原本開在機場附近的小飯包店遷往台北，除了子姪們隨時可以吃到他的招牌旗魚飯，愛魚的人同樣也能一飽口福。

一大早補貨就緒，阿章開始用旗魚的琵琶

瓜仔肉飯。

❶ 旗魚麵。
❷ 鮮魚湯。
❸ 鮮漬辣椒。

骨（俗稱龍骨）熬高湯，有了整鍋鮮魚骨湯，旗魚麵、旗魚湯便能搞定。旗魚刺多，處理須格外謹慎，取魚腹部位切成適當大小，紅燒的步驟跟著銜接。

最鮮的魚無需過多工序，煎至微焦下薑絲，熟魚香氣散發後始淋醬油，找了二十餘種品牌才挑出的醬油，讓韌性十足的旗魚，比一般乾煎魚多了釀造香，當天現宰的黃鰭鮪魚，也是喜歡柔嫩口感的魚味之選。

白飯之上，是美麗的上海阿姨天天費心搭配的細緻小菜，旗魚飯也好、鮪魚飯也罷，讓人腦袋只想放空，盡快將之送入口中，那盡吸魚汁的薑絲，更是畫龍點睛的傑作。愛麵族若想捨飯就麵，以油麵加魚加湯的旗魚麵，絲毫不遜傳統台式什錦麵。

香片瓜醃製成的越瓜，以絞肉機粗絞後炒香，加上胡椒粉調味、醬油上色與米酒添香，是另類的瓜子肉飯，香片瓜的口感似在絲瓜與瓠瓜間，與絞肉一同細細咀嚼，瓜香、肉香、米香交融，瓜子肉飯不點來一嚐至為可惜！

哪裡吃
漁爸爸
(02)2358-2450　台北市中正區寧波西街69號

〇〇七・新北
吉仔冬瓜飯

瓜仔肉飯學問大不同

模樣形同枕頭的冬瓜又名枕瓜，成熟時體表附著白色粉末，有如灑落高冷蔬菜上的冬日寒霜，屬於夏季產物的這種葫蘆科爬藤植物，又被稱作白瓜，冬瓜耐於保存，醃製後入菜尤其增味。

冬瓜消脂利水，古時候便是帝后妃嬪們塑身養生的主要食材，把冬瓜醃成醬菜，與碎肉攪拌同蒸，是江浙地區極常見的家常小菜，務農為本的早期台灣，人們便擅於將鹽漬過的冬瓜加上碎肉調味，做成開胃的下飯菜。

相較於處處可見的滷肉飯，冬瓜飯真是罕見難得得多，土城台北看守所附近，有家吉仔冬瓜飯，老闆姐弟便是以父親所傳的冬瓜飯，在地方上享有盛名。每天一早十點半便開門的

❶ 滷白菜。
❷ 現煎菜脯蛋。
❸ 金針湯。

這家便當店，總是陸續湧來購買便當的人潮。

豬後腿肉以蛋汁攪拌、絞細，置於冰箱冷藏一段時間便能產生黏性，此時加上鹹冬瓜、醬油、胡椒粉調味，待熱水燒滾，一坨一坨陸續下水。煮鹹冬瓜肉，火候必須十分精確，大火肉易散，小火湯汁濁，唯有中火才能燒出不柴不澀、軟滑順口的口感。

花生米般大小的鹹冬瓜，遁跡在小肉糰裡，透明晶瑩，有種蔭瓜瓜仔肉少有的清香。配搭冬瓜飯的小菜，道道來自清早購回的鮮蔬，因為醃冬瓜是偏鹹醬菜，因此在配菜的口味上，力求鹹淡適中。門口盛裝便當處，儼然一個開放小廚房，現煎現賣的菜脯蛋，有如現場直播，呈現在所有等待外帶的消費者眼前，蛋汁在阿姨俐落的快手翻攪翻面後，漂亮成形，口感樣貌倒反而像烘蛋。

有了基底的冬瓜飯、熱呼呼的菜脯蛋，再點個滷豆腐、滷白菜，或是燒茄子、滷豬腳，以及豬肚、豬腸皆備的四神湯，懷念古早味，整頓收納。

哪裡吃

吉仔冬瓜飯

(02)2265-4318　新北市土城區延和路27號

〇〇八・新北

泉友飲食店

五姐妹的灶腳味

五年級那年，懂事的淑貞邊照顧妹妹邊在阿母的麵攤旁當小助手，小小年紀，卻因手腳俐落贏得客人的讚美，妹妹們紛紛有樣學樣，及長後一一加入姐姐的助手團，幫爸媽賣麵、賣自助餐，甚至好日子的辦桌。

忙於打理生計的過程中，默契再好也難免起小口角，難得的是五姐妹始終同心，從少女時代開始，協力幫爹娘打理小吃店。過往汐止逢雨必淹，愛乾淨的她們，總是耐心整理泥沙浸泡過的生財器具，絲毫不以為苦。

走進大汐止百貨斜對面的泉友飲食店，餐具、桌椅、牆壁、地面到洗手間處處一塵不染，那是一家人每天一小洗、一週兩大洗的成果，沒有油煙味的廚房，送出的菜式格外清

❶ 薑片雞。
❷ 滷白菜。
❸ 炒水蓮。
❹ 炒透抽。

香。

厚薄均勻的菜脯蛋，是開飯必備；以香菇、肉絲、魚皮、蛋酥為料，現點現做的滷白菜，到店前二十分鐘打電話預約最好。至於烏骨雞燒出的薑片雞及滋養青菜炒水蓮，則可現點現食，感受菜餚剛離鍋散發出的鍋氣。

內行的客人總察覺得出薑片雞裡的薑片特別嫩，每咬下一口，除了微微的辛辣感，竟有竹筍的多汁感，這是五姐妹的堅持，不論客人再多、廚務再繁累，薑的挑選跟去皮留菁的前置工作定不能省。惟恐生肉醃久了融出血水，糖醋排骨這道招牌菜總是客人點了才現醃現炸，即使醃漬時間不長，炸好的小排骨色澤依然美麗，加上黑醋、白醋、砂糖調味，動了筷子就讓人歇不下手。

老總鋪師多半認為，台菜少了味精不行，淑貞家的家常味卻成功顛覆了這種看法，菜色一律不下味精，就跟店裡予人的觀感一樣，清爽明淨、原汁原味，幾道菜吃完，不多喝水也不覺喉乾舌燥。

哪裡吃

泉友飲食店
(02)2694-6425　新北市汐止區中興路171號

〇〇九・新北 邱家赤肉羹

戀戀古早味

綉梅國小畢業便幫著母親在市場賣菜分擔家計，勤快俐落讓她在街坊長輩眼裡，是不可多得的媳婦人選，短短幾年匆匆過，註定與市場緣份深厚的她，嫁與板橋黃石市場老字號邱家肉羹店的第三代，開展摸油湯（做小吃的閩南語）生涯。

自小在市場進出，菜市大環境綉梅無比熟悉，加上父親開的雜貨店也需要她兼顧，南北貨各式調味料常識自然豐富，多一個肉羹店的生意得打理，倒也游刃有餘。

每天清晨四點在批發市場現身，六、七點左右，綉梅忙完小吃業每天最早的採買工作，開始在湯鍋旁邊煮麵邊理菜，守候早餐時段便湧入邱家肉羹店的主顧。熱呼呼的花枝羹加油

油飯。

❶ 花枝羹。
❷ 黑白切豬肝連。

麵，此刻暖和了許多學子的肚腸，赤肉羹配油飯，足以讓上班族整個上午體力充沛。

與魚蝦海鮮相同，豬肉好吃的關鍵在鮮度，當天現宰的黑豬肉肉質一定是最新鮮的才進貨，綉梅在乎商譽，不僅對赤肉羹使用的豬肉要求嚴苛，黑白切所用的肝連、豬舌、大腸頭、嘴邊肉以及其他下水部位，標準如出一轍。新生代族群嗜辣，以切細小朝天椒加黑醋醃漬，辛香生辣椒替小菜增味不少。

只要豬肉挑得嚴謹，其實不用下太複雜的調味，邱家肉羹不過單純用醬油、糖跟地瓜粉，幾斤肉對固定多少的調味料醃拌，簡簡單單便完成了好吃的肉羹，不少吃客現場吃完，還不忘買回燙好的生肉羹材料回家續飽口福。

包粽子用的長形舊米，內用跟外帶的一天大約要準備四十斤上下的量，浸泡一到兩小時後蒸熟。泡好的香菇、肉絲爆香炒熟調出鹹淡滋味，再把糯米飯下鍋，與炒好的餡料湯汁拌入味，配上甜辣醬的古早味吃法，百吃不膩。

【哪裡吃 | 邱家赤肉羹
(02)2960-5635　新北市板橋區北門街42號之1】

〇一〇・新北

阿香麵攤

市場好風味

三峽公有市場改建後，阿香把擺了二十多年的麵攤從臨時市場遷回，已然七個孫兒祖母的她，身材玲瓏依舊，身手敏捷如昔，忙於黑白切卻不忘頻回頭，看兒子撈麵的手是否俐落。

堅持豬油要新鮮、天天炸最理想，每天一早五點進店炸豬油，阿香對肉燥的要求也是快做快吃，因而兩天做一次、一次只做十斤，光從處理肉燥的前置作業她便不厭其煩，將豬頭肉一一切成小丁，煸出水分才加醬油、冰糖、紅蔥頭、胡椒粉悶燒。

乾麵這個詞叫起來尋常，在阿香麵攤吃起來卻非比尋常，勤快老闆娘從小小一鍋中舀起切工並不勻整的肉燥丁，一匙一匙加在每碗煮

❶ 油蔥鮮炸。

❷ 黑白切油豆腐。

❸ 三峽老街傳統市場二樓的店面。

好的麵或是燙青菜上，那帶皮的顆粒肉燥少，成色濃香氣足，看得人本來不餓也飢腸轆轆。

火候煮得恰到好處的白麵，自行翻拌後，條條沾著肉燥汁，吃上幾口再將碗底的肉燥連汁挑起，鋪在麵條上吃，更能感受那帶皮肉燥好在何處。黑白切裡的豬肝連點上一盤配麵最好，喜歡嚼勁的不妨交代老闆娘多帶些筋，當天現燙的頭殼肉是肝連之外的另項佳選。

嫩嫩的油豆腐胖嘟嘟，燙煮過不見孔洞，新鮮程度不言而喻，跟肝連或是頭殼肉一樣，在油豆腐上加點辣椒醬略拌，燙燙入口格外夠味。吃乾麵口感鹹，可以考慮搭個腸子豬血湯解鹹，厚厚的豬血、綠綠的韭菜、黃澄澄的油蔥，豬血湯可口又養眼。

不刻意標榜古早味的阿香麵攤，還有道老三峽人的最愛──醬油肉絲蛋炒飯，熱飯與豬油、醬油諸料齊下，鍋鏟撞擊有如鑼鈸，匡噹幾下兩分鐘，古樸無華的媽媽味台式炒飯起鍋，熱煙中雜陳著鐵鍋鍋氣，好像五十年前的農家大灶出現在眼前。

哪裡吃　阿香麵攤

☎ 0989-664377　📍 新北市三峽區民生街186號2樓47攤（三峽公有市場）

〇一一・新北
野宴食堂
必點！
黃金綠竹筍

❶ 炒筍絲。
❷ 烤鮮魚。
❸ 炒珠蔥。

山中嚐鮮筍

身為茶農子弟，阿德很小便主動整頓家務，大人們忙於炒青、揉捻、烘焙的當兒，小五的他忙不迭地把炒好的菜一一端上桌，讓家人、工人得以飽食。國中畢業後，他跟著做日本料理師傅的姨丈，進入台北高級餐廳，學習早期在台灣剛起步的懷石料理。

已然蒼老的雙親，能日日晨昏定省就近照顧多好！牽掛父母的阿德，終於回到青山翠谷的老家，並在祖厝不遠處，整理出風味樸拙的農家味食堂，定時向熟識的鄰居買土雞，買小農栽種的青蔬，赴崁仔頂、南方澳漁市進漁貨，成為他生活的重心。

南瓜去皮籽汆燙吹涼，以紫蘇梅、話梅、糖、醋醃漬是爽口前菜。珠蔥產季時，炒珠蔥是青蔬的不二之選，無珠蔥時，纖細的活力菜（又稱赤道櫻草）口感清奇。

無論生魚片或燒烤，鮮魚以冰塊包覆置於保鮮箱，吃客選中才處理，是高級日本料理餐

哪裡吃
野宴食堂
(02)2663-4276　新北市石碇區彰山里崩山12號

❹ 店外風景。
❺ 魚以冰塊保鮮。

廳的做法，也是野宴食堂各式海鮮的吃法。

黃金綠竹筍是專程驅車到野宴食堂的吃客們最愛，筍農清早挖起的鮮筍，先篩選出所需的大小規格與數量，再以日本師傅所傳的做法，洗淨加白米同煮，綠竹筍本身清甜，吸足黏稠的米湯後甜度倍增。煮熟的竹筍繼以冰水冰鎮，透心涼時再修去筍頭外殼，現出大半截筍肉，倒執筍尖沾醬油吃。

除了沾醬油的冷筍吃法，生筍切成粗條，再以文山包種茶茶籽提煉出的珍貴茶油清炒，亦是不可多得的美味。

同樣採用包種茶茶油，以爆香老薑與土雞肉、酒水燜煮入味的茶香土雞煲，冒著熱氣蒸騰上桌，除雞肉嫩滑外，順紋細切過的老薑，片片裹覆著迷人的茶油香，沉澱盤底的茶油，不加些拌麵線或米飯，煞是可惜。

〇一二・桃園
山水緣庭園景觀餐廳
必點！
海鮮米粉

❶ 梅乾扣肉佐割包。
❷ 紹興梅子燜苦瓜。
❸ 開胃漬蘿蔔。

山丘上的客家菜

雖有一身好手藝，耀偉卻從未想過往大都會發展。桃園龍潭山景清幽，微雨時霧氣瀰漫，更現朦朧之美。喜歡純樸生活的耀偉深受吸引，找了個感覺不俗的餐廳待下。

對門是客家古厝的山水緣庭園景觀餐廳，窗外不遠處是梯階式茶園與小橋流水，水上並有白鵝嬉戲，用餐氛圍他處難及。老闆與主廚均為客家子弟，對傳統客家菜應有的風貌極具共識。

小菜中的客式蘿蔔乾與紹興梅子燜苦瓜，為嚐鮮的食客開胃，招牌菜塔香豆醬燜鯽魚更是典型的阿嬤手路菜。參考江浙菜「蔥㸆鯽魚」先酥炸的方式，主廚耀偉把整整醃製一天的鯽魚炸好，再與炸過的蔥段、客家黃豆瓣醬、米酒、烏醋、冰糖、薑泥、蒜末、樹子燜燒，入味又香氣獨特，令人食後難忘。

選新竹米粉做出來的海鮮米粉，以炸過的蛋酥、芋頭、香菇、肉絲、蝦米跟旗魚腹肉為

❹ 淋飯用雞油。
❺ 澆飯用醬油。
❻ 客家味無所不在。
❼ 塔香豆瓣燜鯽魚。

主料，雞高湯為底的這鍋米粉，芋頭挑得尤其好，才咬下便看到細長的芋絲清晰浮現，整頓飯吃完，米粉仍保持爽口韌性。

肥瘦比例均勻的五花肉，做扣肉前得經過蒸、炸、醃的繁瑣工序，醃製步驟中所加的蔥酥，更是客家人最重視的部分，為防止生紅蔥一下鍋沉底，觸及鍋底最高溫處易焦，火溫立刻調降，以一段大火、一段中火及一段文火交替，炸出最漂亮的蔥酥。

儘管工廠大量生產的梅乾菜成本低、取得便捷，山上人家仍指定以老祖母的手醃日曬梅乾菜來做梅乾菜扣肉，一個半小時才徹底蒸透的這味，單點或加上花生粉夾進割包吃都好。

山水緣最獨到之處，是餐廳入口處的自助式雞油飯，雞油、醬油、米飯依序分置，讓客人自行淋製。

哪裡吃

山水緣庭園景觀餐廳
(03)489-0856　桃園市龍潭區大北坑街1998巷47號

〇一三・桃園

新百王餐廳

桃園好客味

米飯、菜餚自鍋中躍起，就像體操選手彈跳於半空，讓阿宏看得癡迷，他絲毫不羨慕在操場打球的同學，反而一有空就主動到舅舅家的餐廳幫忙，以便欣賞師傅的廚藝秀，國中還沒畢業，阿宏就立下當大廚的志願。

未及不惑之年，阿宏管理的新百王在桃園已負盛名，假日更是門庭若市，白斬鵝、三杯豆腐、客家炒米苔目、客家油燜筍、軟絲米粉，是鄉親最愛推薦給造訪親友的主力菜色。

蛋豆腐略炸，表皮吸附油香，以麻油、米酒、醬油膏及客家紅糟腐乳汁調味，起鍋前加上九層塔，三杯豆腐隱約流滲出的糟香，讓簡約食材勝過高檔食材。復興鄉盛產的桶筍，以活動流水持續沖八小時，漂洗徹底後再以煮鵝

❶ 炒米苔目。
❷ 三杯豆腐。
❸ 油燜筍。
❹ 軟絲米粉。

高湯燜煮，鵝油在文火慢滾中沁入筍中，上桌前淋上以紅蔥頭、帶皮蒜頭、醬油熬製的白灼汁，厚實的燜筍口感滑嫩，有如高緯度環境下栽植的水梨。

蝦米、蝦皮與先行煸過的肉末一起爆香，以醬油、胡椒粉提味，加上胡蘿蔔絲、豆芽、高湯與米苔目煮至收汁，最後加上客家人最愛的纖細小韭菜與小白菜，諸香匯集的炒米苔目整碟吃玩盤底乾淨不帶油，廚師的火候功力盡現盤底。

鯧魚米粉是很多餐廳的吸客機，新百王卻不流俗地選頂鮮的軟絲來煮米粉，熱衷海釣的老闆阿宏對軟絲的篩選標準尤其嚴格，鮮活的軟絲經手觸碰必須呈現螢光色彩，冷凍軟絲則表皮不可脫落，更不能一下刀就變成粉紅色。

香菇蝦米爆香，加上炸過的芋頭與高湯同滾，燙好的米粉先備置於砂鍋內，芋頭湯出味後加入易熟的軟絲，傾入砂鍋前再加上芹菜、蒜苗以及蔥酥，湯料豐富的軟絲米粉引人食指大動。

哪裡吃
新百王餐廳
(03)458-3588 桃園市中壢區天祥三街7號

〇一四・苗栗

仙山仙草

神奇的百變仙草滋味

剛學會走路就隨著祖母、母親一起賣仙草，服完兵役的陳星決定把家裡近四十年的仙草店加些現代元素經營，在苗栗獅潭那樣靜僻的鄉下起樓蓋店，保守的鄉親們無一看好，唯有雙親、妻子與妹妹力挺他達成心願。

循著台三線蜿蜒鄉間小路前行，仙山仙草醒目的招牌赫然出現，即使不是休假日，甚或濕冷的陰雨天，古樸的仙山仙草專賣店，店裡總人聲沸騰、熱鬧非常，桌桌少不了的，都是色濃如墨的鎮店寶仙草，以及純手工客家米食。

只用放山雞雞腿與雞翅燒出來的仙草雞湯，肉嫩湯鮮；陶碗盛裝的享料燒仙草，乍看下似與一般燒仙草無異，托起碗仔細凝視，浸

❶ 客家仙草雞湯。
❷ 炸仙草。
❸ 紅糖發糕。

在仙草漿之中的圓仔，個個質地光滑透亮，單憑目測，口感便不難想像。

仙草加仙草葉以及仙草原汁和麵，做出的麵糰色澤近似竹炭、墨魚汁所和的麵糰；獅潭在地農戶所飼養的黑豬豬肉與仙草汁打出的肉餡，包入仙草麵糰擀成的水餃皮，罕見的仙草水餃竟出奇好吃。

年輕人創意無窮、總愛求變，陳星自然也不例外，他跟太太褚喬、妹妹方如想出以炸豬排的方式來炸仙草，誰知遇熱便噴汁的炸仙草，讓他手背燙傷累累，皇天不負苦心人，新的嘗試居然意外試出高點食率。

早期農業社會所吃的客家傳統點心漉湯臍，是加著薑汁黑糖漿吃的大湯圓，為了讓老人與小孩易於咀嚼，仙山仙草把漉湯臍中的糯米圓仔特別搓小，配著粗粒花生吃格外香甜。

習慣事事自己動手做的陳家爸爸，堅持做發糕也得用自磨米漿，正因如此，仙山仙草的發糕米香十足，總供不應求，為發糕遠道而來者，最擔心入寶山卻空手而返！

哪裡吃
仙山仙草
(037)932-318　苗栗縣獅潭鄉新店村7鄰62號

〇一五・台中

台南担仔麵

轉型中的台菜

當超商、大賣場紛紛開始賣起麵包，直接衝擊經營了十多年的麵包店，務實的阿彰，不捨地換下了烘焙服，跟金山派的台菜老師傅學基礎台菜，從用料斤兩的計較，到丁點不能馬虎的火候掌控，他終於明白，鰻魚捲、金錢蝦、魷魚螺肉蒜這些老台菜何以迷人。

是不是少年入行並不重要，一路走來，阿彰的手藝自有行家賞識，進入台南担仔麵台中店任主廚，不敢掉以輕心的他，從小菜滷鴨舌鴨翅、虱目魚蒜酥、高粱酒香腸，到招牌菜脆皮龍江雞的監製，都絲毫不敢馬虎。

台菜中融和粵菜的長處，讓本是粵菜的螃蟹粉絲煲，在口味微調中，不僅鮮美，更具新鮮感。九層塔入菜的五香茄子，乍看應是客

❶ 老薑麻油紅蟳麵線。
❷ 虱目魚蒜酥。
❸ 紅燒茄子。
❹ 高粱酒香腸。

家味，卻因肉末、蒜末、蠔油、辣豆瓣醬的佐味，添了些川菜的調性。

學徒期的不愉快經驗，讓阿宏差點萌生退意，打算回家務農就近照顧弟妹；當兵服役讓大男孩增加了抗壓性，也改變了初衷，重返餐飲界，在台北粵菜名店研習燒臘，不論鴨鵝雞豬，阿宏總能烤出讓人整盤掃光的成績。

轉往台中工作，身為燒臘師傅的他發現，台中人對鵝的偏愛勝過鴨，嚴選膚質光澤的母鵝，清除內臟、吊起瀝乾，用肉桂、甘草、山奈粉按摩入味，再以冰箱冷藏。

繼續塗抹香料，吊起烤上四、五十分鐘的粵式大肥鵝，上桌時連同冰梅醬沾食，正因為有了冰梅醬提味，燒鵝的油香氣香而不膩。

大廚手藝再高，少了上乘食材也枉然，以海產聞名的台菜老店仔，一道老薑麻油紅蟳麵線，足以嚐出好麻油成就美蟳的成果，此時若意猶未盡，色如濃墨的黑蒜頭燉雞湯，倒可為飽足劃上等號。

哪裡吃
台南担仔麵
(04)2320-8899　台中市南屯區大墩路676號

〇一六・彰化

楊家土產羊肉爐

羊羊灑灑的味道

一頭接一頭的羊，從不同步道湧向競標場中，克明緊盯著牠們，選美似地物色心中最優秀的目標，例行的工作進行了幾十年，經驗即使再豐富，他仍不敢絲毫大意。

克明心裡很清楚，那些隨著溪湖鄉親引薦、遠自台灣各地前來的忠實吃客，都是衝著楊家土產羊肉爐而來，如果挑肉的第一關他沒把關好，即使妻子秀枝的手藝再好，老字號一樣會被主顧嫌棄，熟悉的面孔不再出現。

溪湖韭菜全省聞名，秀枝自小隨著母親下田種韭菜、摘韭菜，直到幾個姐妹淘建議做點小生意貼補家用，婚後的她才開始了天天清點、整理、烹煮羊肉的工作。

丈夫自肉品市場將閹羊仔選回店，不同部

❶ 花椰菜乾是溪湖代表性農產品。
❷ 溪湖在地羊肉爐來自肉品市場每日現宰的土羊。
❸ 韭菜花炒羊心。
❹ 拌麵線。

位的羊肉、羊骨、羊內臟，也在秀枝姨的俐落手腳下，迅速完成分類整合，她燒好中藥羊肉爐與薑絲羊肉爐的湯底，隨時等著點食上桌。

畜養一年的閹仔羊肉質嫩不腥羶，鍋中汆燙轉色便極美味，吸足湯底的蔬菜也十分鮮甜。溪湖既然出韭菜，大火快炒的韭菜花炒羊心，自然是羊肉爐外不可或缺的一道小炒，廚娘們再忙也不忘摘去老梗，炒出來的韭菜花自然爽脆，楊家土產羊肉爐老師傅對小地方的用心，是裝潢亮眼的餐廳怎麼比都比不上的。

芹菜炒羊肚是小炒中的另一脆，羊肚、牛肚火候不易掌控，秀枝卻拿捏得宜。白花椰菜燙水、搓鹽再曬乾，用油簡單清炒就很好吃的炒花椰菜乾，為了降低鹽分，秀枝每年都要備上千斤鮮花椰菜，不辭辛勞地自己醃曬。

手工做的麵線即使失溫，仍能輕鬆以筷子夾起，羊油加沙拉油合拌的拌麵線，是吃羊肉爐的最佳主食。

芹菜炒羊肚。

[哪裡吃 | 楊家土產羊肉爐
(04)885-5202 彰化縣溪湖鎮員鹿路二段382號]

〇一七・嘉義

阿明火雞肉飯

火雞滋味呱呱叫

用餐尖峰時刻，食客批批湧入，他們都有默契，純為雞肉飯而來。望著未幾便用完的雞肉，阿文靈機一動，火雞個大肉多，一隻可抵土雞好幾隻，何不用牠取代土雞，做個新口味的雞肉飯呢？

一九五六那年，率先推出火雞肉飯的阿文，成功轉移吃客對雞肉飯的偏好，同業攤商隨之效習，民族路、和平路、垂陽路、安和街上，火雞肉飯形同雨後春筍般冒出，遊經嘉義，單是火雞肉飯就有二、三十家足以選擇。

七歲就幫著父親打雜，乖巧貼心的阿明，期待自己也能做出跟父親阿文一樣手藝的火雞肉飯，每天看著主顧滿足的走出店門，他把父親邊示範邊提示他的烹製要訣牢記於心。

❶ 雞腳湯。
❷ 小菜三色蛋。
❸ 小菜燙秋葵、茄子與竹筍。
❹ 預訂才吃得到的火雞下顎。
❺ 小菜沙拉過貓。

選飼養期足、重量夠的火雞，才能做出讓人回味的火雞肉飯，壯碩的火雞煮熟容易，煮得好卻全憑經驗，足量的水、適當的火以及熄火續燜，是不能省略的基本條件。煮好的火雞涼置後，還得手工細切鎖住水分，鋪於飯上才會加分。嘉義火雞肉飯飯上鋪陳的，其實不過是火雞肉、油蔥、雞油醬汁三項，有的店家習慣逐一分開鋪上，有的店家習於油蔥、雞油醬汁混和鋪上，還有將油蔥篩取不用，只留蔥油與雞肉鋪飯的做法。

米飯沒有粒粒晶瑩剔透，就算雞肉煮得再好，油蔥爆得再酥，所有準備工序依然白搭，對米飯口感格外講究的嘉義人，把鋪在火雞肉底下的米飯，列做考核火雞肉飯優劣的標準，以致阿明對米的挑選，跟挑火雞一樣不敢大意，阿明火雞肉飯煮出的米粒，媲美壽司米般光潔晶瑩。

配搭火雞肉飯吃的涼菜，秋葵翠綠、紫茄粉紫，以美乃滋調味的蕨菜，跟火雞腳熬出的火雞腳湯，道道清甜鮮美。

哪裡吃 阿明火雞肉飯
(05)224-9166 嘉義市東區延平街151號

〇一八・台南

府城食府

古早小吃文創化

沒事跟著海產批發商的阿爸見世面，聽總鋪師陳述台南味的重點，阿東的腦袋瓜裡，自小便有一套台南酒家菜的烹飪雛形。到了懂事年紀，透過父親人脈進入最擅長海鮮調理的粵菜館習藝，他終於有機會實地演練。

入行多年，攢夠了開店經驗，也存夠了開店成本，阿東終於成為餐飲管理人，擁有多家自己品牌的餐館。看中陸客訪台的團膳市場與文創潛力，他請文化保存協會協助，把台南市的舊城地圖拓印放大，做為餐廳包廂的壁畫，並延請精通古早菜的大廚阿安，替自己的府城食府規劃酒家菜與小吃宴。

從醬油到蚵仔煎所用的地瓜粉這些基本調味開始挑剔，阿東從仁德鄉找回幾十年老醬園

❶ 台南擔仔麵。 ❷ 桌邊服務狀元糕。 ❸ 現場煮擔仔麵。

生產的手工釀醬油；阿安師對自家小吃肉圓、狀元糕更是高規格要求，肉圓皮必須從磨米漿開始，狀元糕的米粉也得從白米泡水、磨漿、取糰、曬乾著手。

台南擔仔麵除了麵條、湯頭，最精髓的便在麵湯上的那團肉燥。肉燥的府城式做法，是做好後便靜置不動，讓肉燥上的原油護著整鍋肉燥發酵，不發酵則香氣無法盡出，府城食府的小吃中，擔仔麵整個麵攤架移至桌邊，道道食材壁壘分明，煮好的麵條最後淋上肉燥，香氣撲鼻。

狀元糕與粉圓豆花皆以有趣的桌邊服務登場，從顆粒白米全程製作出的乾米粉，置於小小的木杯蒸熟，視吃客喜好加上花生粉或黑芝麻粉，新鮮米粉蒸製的狀元糕，確能感受到淡雅卻清晰的自然米香。

團膳餐廳向來予人粗糙感，阿東致力扭轉成見，將老酒家菜烏雞豬肚鱉濃縮成迷你個人盅，三種高檔食材原味盡融一盅，讓現代人得以體驗六十年前商家酬酢的繁華與精緻。

哪裡吃

府城食府

(06)295-1000　台南市安平區華平路152號

必點！
炙燒鮪魚沙拉

〇一九・高雄

老新台菜

無菜單好手藝

「波仔，點菜真麻煩，你出菜我放心，攏給你配啦！」從在河邊做辦桌起，這樣的交代波仔不知聽了多少次，連學齡期的兒子舜迪都會模仿顧客口氣，老氣橫秋地逗樂老爸。

當年的淘氣嬰仔自餐飲學校畢業，穩重沉著負責，更重要的，是他沒有年輕人不切實際的習氣，早已是波仔最得力的左右手。父子倆得空在愛河邊泡茶，喝著喝著，便談起高雄餐飲圈當年的風光過往。

有年分的物件波仔蒐集得不少，舜迪把它們逐一陳列進河邊剛規劃好的餐廳裡，不同於一般傳統台菜店，簡陋陳舊少氛圍，老新台菜民初上海灘的室內設計風格氣勢磅礴。

在現代感的空間吃台菜、品嚐南台灣當

❶ 清蒸福菜三角魚。
❷ 麻油紅蟳米血。
❸ 煙燻海大捲。
❹ 翠玉蚵仁羹。
❺ 骰子牛肉雙拼。

令海鮮，風雅歸風雅，食物仍然不能草率。既然主顧信任阿爸的手藝，舜迪毅然決定，直接以無菜單方式上菜，好讓麻油腰花米血、鐵砲串大蝦、翠玉蚵仁羹這些波仔的拿手菜輪番上桌。

用鹽跟胡椒調味過的黑鮪魚，炙燒到焦黃程度涼置切片，與汆燙、冰水降溫後的龍鬚菜排盤、淋上油醋醬的炙燒鮪魚沙拉很開胃。美濃福菜洗淨、浸泡後擰乾切碎，鋪在東港三角魚上清蒸，身扁肉薄毫不起眼的魚種，透過客家醃菜，清蒸福菜三角魚竟散發出誘人鹹香。

大捲肉厚富嚼勁，置於與海水濃度近似的冰鹽水中晃動，再以青蔥油乾煎，無需過度調味，只要撒上適量的胡椒鹽，續以核桃木煙燻，簡單烹調的煙燻海大捲脆、鮮、香。

洗淨的蚵仔抓上太白粉，滾水小火泡半分鐘過冰水，柴魚雞骨高湯以鹽、胡椒調味，沖入蛋花加蚵仔及韭菜花碎，勾薄芡添油蔥酥入碗，上桌前加油條，翠玉蚵仁羹滑順可口。

【哪裡吃｜老新台菜
(07)311-8099 高雄市三民區十全三路265號】

必點！
紅藜牛肉麵

〇二〇・屏東
山中天景觀餐廳

山中時尚原民味

精通木工、家具、鐵器、陶藝，在內埔老家鄉親眼裡，徐文銘多才多藝，生活上只要出現難題，率先找他肯定沒錯。成為魯凱族頭目的客家女婿後，他對原民生活藝術產生濃厚與趣，進而深入研習，民國八十三年，他在妻子的鼓勵下，在三地門開了首家原民風味餐廳。

跨過三地門大橋，原民圖像醒目的山中天景觀餐廳，自路邊映入眼簾，從餐廳坐落的所在遠眺，飯還沒開始吃，整片寬廣的視野，已讓人心情大好。

口感比玉米筍還嫩的檳榔花，坊間多以烹調山蘇的方式，用辣椒、豆豉爆炒。為了降低檳榔花本身的寒性，熱衷飲食保健的山中天店主，改以老薑麻油炒檳榔花，反而更體現它清

❶ 脆皮阿里雞。
❷ 帶膜竹筒飯。
❸ 櫻花蝦小米粽。
❹ 炒山蘇。

甜的本質。

脆皮阿里雞用的是不折不扣的放山雞，體型小肉質緊，不同於大多數烤雞專賣店中的雞種，總能咬出滿口油汁。阿里雞在魯凱族的用語，原意為男性生殖器，不同族的原民來到山中天，望見菜單中的諧音引用，難免啞然失笑。

東港櫻花蝦是屏東人自傲的長壽食物，怎麼運用它跟原民風味才搭呢？總不能了無新意地只拿它炒飯吧。腦筋動得特快的徐文銘突然想到，早年原民上山打獵，身上帶著充飢的，不是平地人的便當，而是竹筒飯或小米粽，加上櫻花蝦，以月桃葉包裹，櫻花蝦小米粽好吃不單調。

白藜麥風靡全球，台灣原民主食紅藜也出了頭，把採收下的紅藜先脫殼磨粉，加入麵粉同和成紅藜麵糰，切割、乾燥做成紅藜麵條，和加了紅蘿蔔、白蘿蔔一起紅燒的牛肉，再加上燙過的龍鬚菜拌麵，山野中的紅藜牛肉麵，多了好滋味，也多了不落人後的時尚感。

哪裡吃

山中天景觀餐廳

(08)799-3440　屏東縣三地門鄉三地村中正路一段10-1號

〇二一・宜蘭

〇〇九小吃部

在地食材好宜蘭

手裡的鏟子不見停歇，阿宗的汗衫濕了又乾、乾了又濕，忙著當下手的妻子，不時遞上毛巾，讓丈夫有片刻工夫喘息拭汗；把父親視為偶像、成長於爐灶邊的淮恩，期待自己快快長大，像爸爸般舉起厚重的鍋，讓麵條從鍋中躍起。

體貼父親長年辛勞，淮恩跟弟弟一起回家，接下家裡開了近二十年的小店。母親的職責不變，還是負責記帳與為配菜點菜，阿嬤八十好幾，卻比年輕人勇健，堅持店裡用的蔥蒜、蕗蕎、地瓜葉都得自己種，簡樸小店，凝結著全家人的親情。

好山好水好蔥蒜，還有金桔、海鮮、黑豬肉，行經宜蘭必吃的好味道真不少，三星蔥、

❶ 炒風颱筍。 ❷ 酥炸帶魚。 ❸ 炒麵。 ❹ 棗餅。 ❺ 青蔥、蕗蕎、地瓜葉，很多鮮蔬都由阿嬤親自栽種。

紫洋蔥以及黑豆豉調味，大火快炒出的炒松阪豬，是〇〇九小吃部相當受歡迎的下飯菜；一條豬僅有的、位於眼睛後的兩條筋快炒出的炒龍筋十分爽口。

蕗蕎除了根的部位圓胖，形狀其實與珠蔥無異，不加肉絲只是簡單清炒的炒蕗蕎同樣好吃；早年颱風過後，主婦們把吹落滿地的風颱筍撿拾回家加菜，風颱筍比麻竹筍質地細，些許蔥蒜爆香，淮恩兄弟便完成這道快炒。

乍看像豆腐鯊的魟魚，身平骨軟，以西洋芹炒熟，盛於五更鍋中保溫，肉少脆骨多，比軟嫩肉質的魚咀嚼起來更有趣。金桔、甜冬瓜、肥瘦肉、芋頭、鴨蛋、蔥酥、芝麻先拌成餡，捲入豆皮中，油炸後的棗餅，是最具代表性的宜蘭風土菜。

炒麵是無數小館都點得到的主食，阿宗師傅傳承給兒子的炒麵，卻令人刮目相看，上桌若不立刻吃，麵體無煙無異狀，幾分鐘後以筷夾起，熱氣煙霧這時才從夾起麵條的空隙竄出，老師傅歷經半輩子的好火候溢於言表。

哪裡吃
○○九小吃部
(03)937-4009 宜蘭縣宜蘭市東港路32-24號

〇二二・花蓮

咕嚕咕嚕原住民風味海鮮餐廳

雨來菇與田螺的鮮味

帶著兒子在北投的餐廳近身學習，是父親也同時是師傅的蔡爸，嚴格督促著阿傑針對不同食材如何掌握刀工、火候。幾年下來，阿傑終於獨當一面，他決定離開城市繁囂，到嚮往許久的花蓮工作。

咕嚕咕嚕是原民味餐廳，跟阿傑過去工作經驗最大的不同，是餐廳裡除了供應花蓮海域的海鮮，還有來自原民集中的傳統市場才買得到的多種特殊食材，滑嫩的雨來菇，便是雨季中產量最豐富的一味。雨來菇別名情人的眼淚，雨水滋潤過的乾淨濕地，常能瞥見它的蹤影，原民味餐廳幾乎都吃得到它。清洗費時的雨來菇，篩盡砂礫後，加上打散的蛋以爆香的

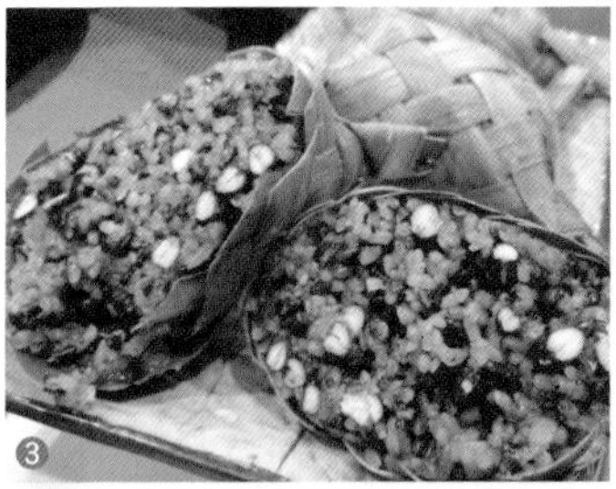

❶ 炒田螺。
❷ 炒車輪苦瓜。
❸ 豆類與穀類是阿美粽的主餡。
❹ 烤都崙是祭典美食。
❺ 編織美麗的阿里蓬蓬。

蔥薑蒜頭簡單快炒，就是一道好菜。

花東以外地區吃到的炒田螺（蝸牛），多半是汆燙過的冷凍品，在花東本地嚐到的，卻是新鮮田螺的美味，把田螺的黏性清理徹底後，阿傑不像一般海產店的師傅，藉醋使田螺Q彈，只是用適量的醬油、蠔油、九層塔快炒，口感同樣爽脆。

本名紅茄的車輪苦瓜，長相其實更像迷你南瓜，樣貌雖可愛口感卻偏苦，切片汆燙再以冷水沖過，苦味降低許多，以蒜頭、辣椒等辛香料油爆一下，醬油調味加水悶透，微苦的炒車輪苦瓜苦後回甘，非常開胃。將多刺的林投葉除去利刺再編織成粽葉，加米飯包出的阿里蓬蓬，是典型的阿美族粽，粽形美麗有如藝術品，口感也鹹淡適中、米香交融著葉香。

糯米飯搗製的都崙，是阿美族原民祭典中不可或缺的吃食，最傳統的吃法是剛搗製好便趁熱吃，為了更方便進食，咕嚕咕嚕餐廳裡的烤都崙切片後沾著花生粉當成甜點吃，有點神似客家麻糬的感覺。

哪裡吃
咕嚕咕嚕原住民風味海鮮餐廳
(03)857-0222　花蓮市建國路二段210號

〇二三・台東
阿部工作坊
必點！
小米紅藜阿拜

❶ 鹽烤台灣鯛。
❷ 涼拌山豬皮。
❸ 桶烤放山雞。
❹ 蘸雞肉用的雞油。

到池上開飯！

嫁做卑南媳婦的那天起，春燕便跟著婆婆認識原民食物，菜市場的卑南姨嬸們，看到這位勤奮的平地女孩，無不疼愛有加，個個傾囊相授，春燕的廚藝一日千里，把夫家的餐廳打理得有聲有色。

懷念池上家鄉綠油油的田野美景，夢想自己回到少女時代，每天漫步於山嵐環繞的天堂之路，在蛙聲蟲鳴的夜晚，細數天上繁星。在兒子鼓勵下，春燕在老家的路道邊，布置出一個座位不多、氛圍卻溫暖的阿部工作坊，接受預約供餐。

飼養四至五個月的鬥雞，肉質結實，是做桶烤放山雞的不二之選，雞身只需稍微抹點鹽跟醬汁，烤前再加些米酒跟蒜頭增味，烤好的雞滲出黃澄澄雞油，用以蘸食雞肉最美。工作坊門口的碳烤鐵架，是鹽烤台灣鯛的最佳利器，鯛魚剝除內臟，在魚腹中塞入蒜頭與刺蔥，無需探察是否熟透，聞到魚香便已揭曉。

哪裡吃

阿部工作坊

(089)864-842／0966-719900　台東縣池上鄉萬安村32-2號

⑤ 樹豆野菜鍋裡除了滿滿的青蔬與樹豆，還有夾豆。

⑥ 樹豆野菜鍋。

不喜浪費的春燕，認為現吃現做既新鮮又環保，因此，根據每天接到的預訂客數，決定涼拌山豬皮該做多少，吃過春燕做的涼拌山豬皮，顧客很難不將其列為考核山豬皮是否新鮮的標準。

阿拜跟養生飯同為主食，值得兩者皆嚐，養生飯以池上當地所產的圓糯米加黑米、紫薯同蒸，不配菜吃都很可口。在冰箱內冷藏浸泡兩天的小米加上紅藜麥，與香菇肉餡包入俗名月桃葉的甲酸漿葉中，小米紅藜阿拜好吃極了！

以電鍋將樹豆先蒸熟，再加大豆、大骨、薑片燉煮兩小時熬出高湯，樹豆野菜鍋上桌時，再將竹籃中的紫地瓜、紅地瓜、龍葵、米菜、山茼蒿、紅鳳菜、野莧菜逐一下鍋，豆、瓜、鮮蔬齊集的樹豆野菜鍋，湯汁鮮甜，粉粉綿綿的大豆樹豆，越嚼越香。

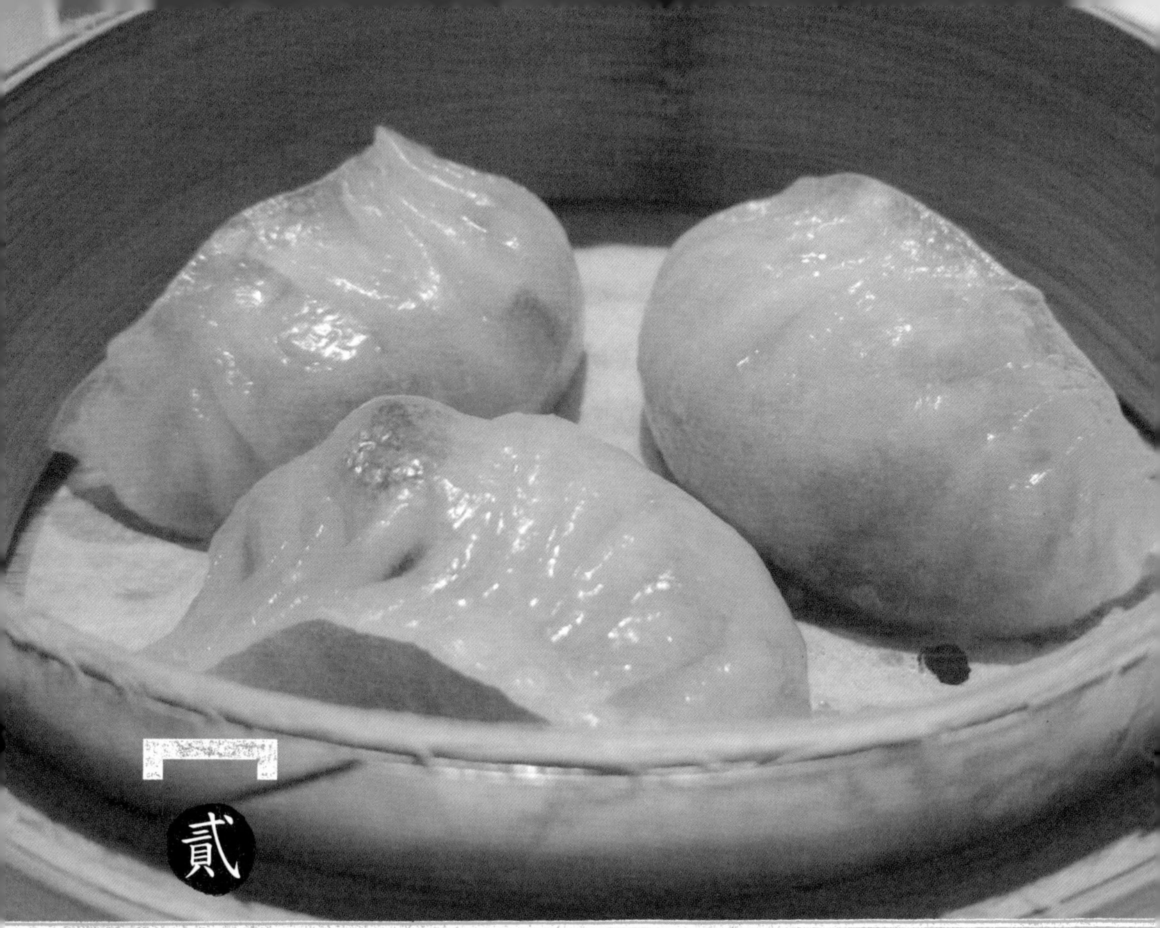

貳

中菜處處聞

必點！
小巧可愛的餃子

○二四・基隆

德基水餃

鋼琴師的水餃

金融風暴影響公司營運，秋香的先生被強制要求休無薪假，強烈的危機意識，警鐘般地提醒她，自己必須在音樂老師的工作外，開發更安穩的收入，度過無預警的燃眉之急。

身為山東人，從小看著開北方館的爸爸包水餃，多少麵粉能包出多少餃子，秋香一眼就能看出，原本只是教課之餘應同事及學生家長委託，偶爾包些餃子外賣，不料口耳相傳，訂單越來越多，突來的巨變，讓她毅然決定中年轉型開水餃店。

提起基隆小吃，人們總是直覺地想到廟口，其實廟口旁不遠的仁愛市場二樓，小吃林林總總，為了就近照顧年邁公婆，秋香跟先生從新竹科學園區搬回基隆，夫妻倆優先考慮的

❶ 韭菜水餃。
❷ 胡瓜水餃。
❸ 酸辣湯。

水餃店據點，就是那個本地人最愛消費的高人氣所在。

菜商非常明白，德基水餃店老闆娘秋香既然指定桃園大溪的韭菜，其他產區的韭菜便堅持不用，挑剔程度不僅如此，韭菜品質最差的七月，她不怕麻煩地將株株韭菜抽條去心，韭菜即使打碎，包在水餃的肉餡裡也不覺老硬。

胡瓜是難處理的食材，太大過老、太小無肉可用，真要斷定品質，光是估量重量外觀還不夠，刀一剖開始見真章，籽小甚至無籽、瓜心嫩如海綿般的胡瓜包餃子最美味，因為吃力不討好，胡瓜水餃市面難尋，消息靈通的老饕，便會找上德基，一嚐那嫩瓜的清香味。

對基隆在地饕客而言，秋香那雙鋼琴師的手，不僅是包餃子好手，更是煮酸辣湯快手，選材照樣嚴苛的她，對雞蛋的品質相當在意，一碗好的酸辣湯，除了勾芡濃度恰當，木耳爽脆等要求外，打散的鵝黃色蛋花，還得浮雲片片漂於湯面，用最新鮮的健康雞蛋做酸辣湯，視覺味覺雙享受。

【哪裡吃 德基水餃
(02)2425-5488 基隆仁愛區愛三路21號2樓】

〇二五・台北

1976道地香港美食

街頭港味首選

海鮮酒樓、龍鮑翅餐廳外，香港其實跟台灣一樣，是熱愛街頭平價小吃的地方，茶樓、茶餐廳、燒臘店、粥粉麵店，這些皆是香港庶民品味的象徵。

老東家退休收店，情同手足的二寶、阿輝拉上擅長港點的小凱，在台北光啟社對面找了個交通便利的據點，把早年市立仁愛醫院旁的香港粥粉麵店，改以創店年分一九七六命名，重起爐灶。為了適應國人喜好，二寶在口味上僅做些許調整，保持九成港澳原味，名氣不脛而走，忠實顧客不乏知名港星及政經名流。

台灣人喜歡黑白切，香港人則喜歡白灼，粉腸、豬肝、魚片一併以清水氽燙、淋些醬吃的白灼三寶，是體驗港味的首選，隨韭黃上湯

❶ 臘味排骨飯。
❷ 手片魚生粥。
❸ 蠔油芥蘭。
❹ 白灼三寶。

而上，香氣濃郁的滑雞撈麵，雞腿肉先以臘腸、肝腸、香菇丁、乾蔥與料酒醃上一天，入味後蒸熟再鋪在撈麵上。

上選豬肋排骨邊肉嚼起來最香，做成的豉汁排骨加上蒸熟切片的臘腸、肝腸，與青菜荷包蛋並鋪於米飯，青蔬紅肉黃蛋白飯，臘味排骨飯單是那動人的外觀，就足以讓人飢腸轆轆。

蠔油芥蘭的蠔油汁調得恰得其分，台灣芥蘭品種雖小於港九，主廚仍裁切出港式的要求比例，與每日取得新鮮大頭鰱燙熟薄切的手片魚生粥相佐，或是陳皮拌醃調味、蒸熟的牛肉丸，是小胃口的理想輕食三件組。

蒜頭、豆豉、朝天椒諸料打碎，以沙拉油邊炒邊攪邊熬，費時二十分鐘才做得出的潮州辣椒油，是阿輝得意力作，看似沙茶醬，香氣卻更勝沙茶。小凱做的魚露辣椒醬，辣度夠勁，因魚露帶出鹹香，不論辣椒油還是辣椒醬，皆為熟門熟路的主顧所愛，雙味辣椒醬沾什麼吃都讓原味加分增色。

哪裡吃

1976道地香港美食

(02)2777-1976　台北市大安區敦化南路一段233巷11號

○二六・台北

小點心世界

尋覓西門町美味

中華商場興建於民國五十年，以八德命名的八棟大樓，電器、服裝、印刷、命理、餐飲諸多行業聚落其中，新生戲院與國軍文藝活動中心間的兩棟，是美食、小吃集中點，王大有酸梅湯，老藝人葛香亭開的徐州啥鍋，鍋貼、豆腐腦著稱的點心世界，封存著許多人的成長記憶。火車呼嘯而過，轟隆聲伴隨著平交道外的叮噹聲，是顧客在點心世界用餐的即席伴奏，一張張造型簡單的四方木桌，鋪著易於清理的玻璃墊，墊下是記載著餐點名目的菜單。

小楊十來歲進入點心世界，跟著老師傅叔伯們學手藝，民國八十一年中華商場拆遷，小楊的心仍懸在西門町舊家似的老建築上，他深信主顧們定然不捨那吃慣了的老味道，便在木

❶ 酸辣湯。
❷ 蒜苗臘肉。
❸ 番茄牛肉。

柵萬芳醫院捷運站附近開了小點心世界，把做了二十多年經驗的鍋貼、豆腐腦、酸辣湯，再度跟饕客分享。

肥油瘦肉先分別絞細才打水調味，肉餡調好後冷藏一兩天，水分才能與肉餡互融，包時不出水外，口感更為綿細。老點心世界薪傳出的鍋貼，外觀似與一般鍋貼無異，咬開方見差異，碩大飽滿的內餡，韭黃香隨咀嚼頻率層層散開。常見的酸辣湯不乏豆腐、木耳、筍絲、蛋花跟紅蘿蔔絲，小點心世界的酸辣湯承襲原作，僅以鴨血、粉絲、肉絲、蛋花、豆腐腦加高湯打芡，為了豆腐腦，小楊用傳統配方請豆花工廠專程製作，少醋、些許胡椒調味過的酸辣湯，因取代豆腐的豆花為料，倍加細膩滑順。炒工火候極佳的店主大廚，有感於現代人飲食習慣越來越多元，在鍋貼、酸辣湯等小點外添了些小炒，色香味俱佳的番茄牛肉，牛肉抓醃得恰到好處，與少汁甜度高的牛番茄片大火組合，堪稱絕配；回鍋臘肉不見油氣，小段蒜苗、辣椒與薄薄的臘味，口口香留齒頰。

哪裡吃
小點心世界
(02)2930-3436　台北市文山區興隆路三段58號1樓之3

〇二七・台北
川味麵典

❶ 紅燒牛肉麵。
❷ 紅油抄手。
❸ 口水雞。
❹ 擔擔麵。

麻辣天堂的川味魅力

高餐畢業那年，有年被分發到台北著名的懷石料理餐廳實習，表現優異得到正式聘雇，但叔叔的川菜館卻臨時人手不足，需要他隨即支援。從小吃到大的四川家鄉味，沒想到在餐館裡呈現的竟是另種風貌，從頭學起讓他重新認識四川調味，對花椒特有的麻香，與郫縣豆瓣醬與眾不同的魅力更為熱愛。

在國內首屈一指的餐飲學院學到的餐旅管理，老實說，只要願意，進飯店、大餐廳絕對有人搶著要，沒有人想到這個年輕的大男孩卻堅持守住自己的家鄉味，他在台北大安區找了一間小到不易發現的店面，打造起自己心中的麻辣天堂——川味麵典。

牛肉麵早年予人的感覺，是陽春麵升級版的眷村味，老饕最鍾情的外省小吃，川味麵典廚房端出的麵，卻如同店主人般靈秀整潔，很難讓人相信，每口爺爺級老師傅手藝的滋味，竟出自一個稚氣未脫的清秀男孩之手。

哪裡吃

川味麵典

(02)2701-0202　台北市大安區四維路176巷17號

⑤ 店面外觀。
⑥ 各色小菜。

每年託人從家鄉宜濱帶回的特產芽菜，讓擔擔麵在麻辣味外，多了漬菜的味道；川味牛肉麵的湯裡，店主自己打、自己炒的青花椒粉，與牛油炒過的豆瓣醬，交替融合的味道，層層化開，單是吃碗小麵，喝口麵湯，心情也能升溫。

七成瘦三成肥的黑毛豬絞肉買回，續剁斷筋後加上蔥白老薑泥拌、搓成肉丸子，加番茄高湯煮成的番茄丸子麵，是不吃辣的首選，酸度全化成甜味的番茄湯，和麵體纖細卻不失韌性的陽春麵，果然是小麵經典。

牛下水部分腥氣重，改換以豬心、豬舌取代牛心舌，加上牛腱牛肚，以老滷水滷過，加辣油、香油、香菜、花椒粉、花生粒涼拌的夫妻肺片，是高人氣的典型川味小菜。以五香蒸肉粉沾裹、小籠蒸出的粉蒸肥腸、粉蒸排骨，米香四溢，與墊底的地瓜，讓所蒸食材倍感甘甜。

粉蒸排骨小籠。

〇二八・台北

川妹子成都川味料理

必點！

老皮嫩肉

❶ 三星蔥油雞。
❷ 蒼蠅頭。
❸ 醋溜土豆絲。

提味又開胃的花椒

花椒溫中散寒、除濕暖胃，所具的麻澀辛香可消除異味，烹飪用途極廣，居中國調味料十三香之首。濕氣重的四川，花椒尤不可缺，川地以外，雲南、山西、陝西、河南、河北均產花椒。

花椒適用於小炒、乾拌、紅燒、滷菜、蒸菜、熬湯，乾炒磨粉加細鹽，沾炸食最好，熱油沖出花椒油，與加辣椒粉煉製的辣椒油更是開胃。台北延吉街有家川妹子餐廳，主廚黃文同的創意菜「花椒燒蛋」，足與老川菜魚香烘蛋較勁。

新鮮雞蛋不打散直接下鍋，快炒至蛋白蛋黃均勻分布取出，再把浸水發泡過的花椒粒、蒜粒、辣椒粒爆香，嗆料酒、下醬油，加入辣椒粉、花椒粉，淋高湯，攪勻撒上蔥花，煎好的蛋這時再回鍋，起鍋前還得加上川過滾油的青花椒。青花椒獨特的奇香，裹覆著整道花椒燒蛋，筷子輕觸，液態蛋黃便溢出，白飯攪

花椒燒蛋。

和著炒蛋、蔥蒜、花椒、辣椒入口，心緒再煩悶，也奇妙地煙消雲散。

高級港式海鮮酒樓磨練多年，接任川菜名店行政主廚的黃文同，川菜做得特別細緻，除藉花椒調出麻辣辛香，他的菜也看到粵菜重刀工火候與排盤的影子。以老皮嫩肉為例，蛋豆腐必須先煮再炸，高油溫處理，才能酥而不焦、豆腐心口感溫熱。

自行煉製的蔥油，加上去骨嫩雞做成三星蔥油雞，皮滑肉嫩，配著墊雞肉的紅白洋蔥絲、西生菜吃很爽口。酸豇豆炒肉末加上粉絲燜入味的酸豆粉絲煲，是香甜米飯的最好搭檔。

高麗菜又稱包菜或是蓮花白，除了濃香好吃的宮保高麗炒法，單純把蒜末跟糖先炒出焦糖效果，再加些辣椒片提味，不下鹽的這一味，不僅質地爽脆，更能吃出高麗菜原本的風味。

哪裡吃

川妹子成都川味料理

(02)2721-6950　台北市大安區光復南路240巷52號

〇二九・台北

江蘇菜盒店

二月春韭香

原生於寒地的韭菜四時不缺，農民曆的記載中，韭菜卻值春天當令，期間又以二月韭最好。開春後的農曆二月，葉韭菜、韭菜花、韭黃（白韭菜）便大量上市。

除了成長期間不見陽光的韭黃，是身價不斐的蔬菜，韭菜與韭菜花皆屬平價時蔬，價廉物美的韭菜，實惠性更勝青蔥，人們購買綠豆芽時，它永遠是隨之奉送的一味。韭菜花莖少了扁葉韭菜的辛辣，卻散溢著別於蔥蒜的另類清香，是爆炒類小菜提味的最好幫襯。

高妹蘇北家鄉的田每年播種兩次，一趟種米一趟種麥，麥子成熟時，家人用研磨了三遍的新鮮麵粉做胡瓜水餃、豆腐捲。二月天的韭菜掐得出汁，母親總以翠綠的春韭來包韭菜

❶ 韭菜盒子。 ❷❸ 各式小菜。

盒，讓全家打牙祭解饞。

遠嫁台灣後，冷水和麵做出來的韭菜盒，溫度一降皮就發硬，從小繞著爹娘玩麵粉的她，完全不理解自己究竟哪個步驟出錯，簡簡單單的一把麵粉，怎麼兩地口感不一呢？

同是蘇北老鄉的公公，教高妹和麵前必須先以滾水把麵粉的筋燙熟，她這才明白，老農家自己研磨的麵粉，跟市面大廠精製的麵粉結構不同，過往習慣的麵餅做法自然行不通。照著公公的提點，她竟然做出比家鄉味口感更好的菜盒子，閒著也是閒著，她索性把多做出來的盒子賣給同樣喜歡麵食的街坊。

好吃的東西其實不用很複雜，嫩綠的青梗小韭菜、五香豆腐乾、蝦米、炒雞蛋外，粉絲絕對少不了，鹽、胡椒粉、香油、沙拉油略微調味，就是可口的菜盒子餡，包進超薄的麵皮，以飯碗碗沿把盒子邊緣修整齊，入熱鍋炕熟，才一揭開鍋蓋，那屬於春天的菜香，一縷接一縷，隨蒸氣飄散得老遠。

哪裡吃
江蘇菜盒店
(02)2771-0883　台北市大安區忠孝東路三段216巷3弄6號

〇三〇・台北

赤初杭州酒釀麻辣麵食

當辣椒遇上酒釀

在杭州工作期間，志威遍尋麻辣鍋未果，悵然之際，竟在不起眼的小鋪子裡嚐到另種滋味的麻辣菜式，那具麻香卻不鎖喉的滋味，讓他難以忘懷，靦腆地請教店家，對方豪邁不藏私，告訴他甘香後韻的訣竅，其實是來自加了水果的酒釀。除了煮食湯圓甜點，糯米加酒麴發酵出的純米酒釀，也是川菜豆瓣魚的重要調味，純米酒釀製作時連帶加入鳳梨、香蕉、蘋果皮，便是水果發酵的加味酒釀，以果香味十足的水果酒釀做麻辣鍋，口感自然不濃嗆。

大陸人吃麻辣不喝麻辣鍋底，換成愛喝湯的台灣人可不一樣，腦筋動得快的志威立刻把杭州學回的水果酒釀依樣畫葫蘆，加入拿手

❶ 日式丼飯是拒辣之選。
❷ 韓式泡菜豆芽。
❸ 麻辣鴨血滑嫩燙口。

的麻辣鍋底，再下把白麵，酒釀麻辣麵不僅另類，也讓切仔麵、陽春麵、肉羹麵頓形失色。

即使賣的是不折不扣的中華拉麵，為了爭取瘋拉麵的年輕客群，志威還是以和風拉麵的包裝模式行銷自己的理念，開放式廚房散布著陣陣麻辣香，赤初麵店一碗碗鋪著鴨血、魚丸、蒜苗、糖心蛋、滷豆腐、炸豆包、燙豆芽、牛五花肉，以及炸牛蒡的酒釀麻辣牛肉拉麵上桌，豐盛的食材讓人急著想開動。大口吸麵、大口喝湯是日本人吃麵最淋漓盡致的體驗，不想唏哩呼嚕吃麵喝湯，全身發熱汗如雨下，小麵店裡的酒釀麻辣豚雜乾麵倒可考慮，以麻辣湯汁滷過的大腸頭、豬肉片為主食材，大腸頭滷得格外入味。

滷豆腐費工費時，需要三個步驟完成，首先將豆腐用小火以滷汁滷一小時，熱脹後改大火不斷搖鍋十五分鐘令豆腐穿孔，末段再回復小火續滷一小時，撈起涼置冷藏，營業時才回鍋加熱。反覆折騰出的滷豆腐，飽含著滿滿的滷汁。

赤初杭州酒釀麻辣麵食
(02)2737-3803　台北市信義區吳興街98號

○三一・台北

夜上海

必點！

外婆的紅燒肉

❶ 松子雞米配叉子燒餅。
❷ 酒鄉黑棗八寶飯。
❸ 上海人嗜蟹如命。

吃得到上海菜的細膩

自一九九八年金鐘太古廣場第一家店開張，二〇〇〇年續征上海展店，由名家季裕棠所設計的夜上海餐廳，喜好江浙菜與精品空間品味者必定登門一探，二〇一五年農曆年後，夜上海現身餐飲戰國的台北信義商圈。

從店名觸及的書法呈現，到雅緻的室內整體空間，讓人絲毫不覺身置都市叢林，決定餐點選擇品項前，單是感受細膩與磅礴大氣的氛圍並融，便是精神的無上享受。

切好的雞丁炒至脫生，起鍋續炒荸薺丁，再將雞丁回鍋並調味，夾入烤好的芝麻酥餅中，觀感比較像北方菜的松子雞米配叉子燒餅，跳脫傳統上海菜的濃油赤醬，口感清新爽脆。

外婆的紅燒肉是吃不膩的家常上海菜，最簡單的醬油，卻讓豬肉成了百吃不膩的經典，台灣的醬油色澤、氣味皆不同於上海與香港，當大塊豬肉整塊入蒸鍋一小時蒸透，並重壓冷

哪裡吃

夜上海

(02)2345-0928　台北市信義區松高路19號新光三越A4 5樓

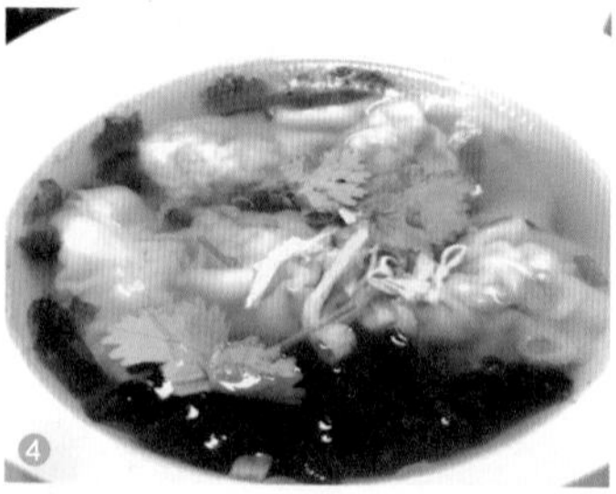

❹ 菜肉餛飩。
❺ 花雕酒冰淇淋。
❻ 炒魚絲。
❼ 煌橋燒餅。

卻、切成兩公分見方，便是醬油、黃冰糖協調比例的工夫呈現，一片銀絲捲，鋪上一塊紅燒肉，斯文吃法下的紅燒肉，倍為迷人。

力道均勻拿捏，讓街頭小吃菜肉餛飩走進華堂風韻亦不同，浮於上湯中的小食紋路美麗，細咬一口紫菜，以手撕下再燙煮的滋味，截然不同於利剪剪出的纖維感。貴州風味的辣椒醬和入肉餡，包出的香辣小籠包，辛香順口，不搭薑醋，單吃便很可口。

裹住鮮肉一坨的上海生煎包，包子皮質感細緻，皮底酥脆度適中；淮揚菜系習以黃酒入菜，黑棗先以花雕酒浸泡達兩小時，才與蓮子、核桃、枸杞、南瓜子、葡萄乾鋪於碗底，加糯米、紅豆沙蒸透的酒香黑棗八寶飯，花雕香氣淡淡釋出，是忽略不得的美點。

〇三二・台北

金麥子酸白菜火鍋

必點！

酸白菜火鍋

1 鍋包肉。
2 糖醋牛柳。
3 碳烤雞翅。
4 碳烤雞心。

濃到化不開的親情與香味

除了燉菜、涼拌菜、酸白菜火鍋，東北菜還有什麼？每當客人這樣提問，愛英總慧黠一笑地回應，您等等喔～進廚房才一會兒，讓客人點頭連連的美味迅即上桌。

台北近南機場的金麥子，店裡主打酸白菜火鍋，吉林來的店主愛英卻老想讓台灣老饕嚐嚐老家的其他地道味，像很多人喜歡吃的牛肉，她單是以爆、滷、溜、炸，切丁切條斜片刀法，便分別烹調出怪味牛肉丁、溜肚片、糖醋牛柳三味。

紅辣椒、綠辣椒、辣椒粉、孜然粉加東北大醬，炒出的怪味牛肉丁竟然香濃不嗆口。先滷後燒的牛肚片，與同鍋溜出的豬里脊肉片等同滑脆，木耳、小黃瓜、紅蘿蔔更增加了這道溜肚片的豐富感。糖醋牛柳沒加番茄醬，單藉白糖白醋調味便令人回味。

看到母親衣衫盡濕，炒菜炒到手腕肌腱發炎，套上護腕繼續下廚，耿多放下自己最愛

⑤ 大拉皮。
⑥ 正在準備甜品的主廚店主。
⑦ 東北涼拌。
⑧ 串烤韭菜。

的烘焙，轉往東北盛行的燒烤店打工，奮力研習燒肉技巧，孜然粉、孜然粒、辣椒粉大小不一，主修平面設計的他，捧著一個一個的塑膠瓶，依調味粉體積，逐一鑿出適中孔洞。

顧火候是烤肉最重要的一環，只要拿捏不好，不是半生不熟便是肉質太老，學習烤肉的過程更是艱辛，高溫燙傷鐵籤戳傷難免，二十來歲的耿多不以為苦，他只巴望這麼特殊的風味，能博得台灣吃客滿堂彩。

牛肉、羊肉、雞翅、雞心，伴著母親愛英從市場購回，洗淨分置，先將肉烤至表皮泛白，再依序撒調味，辣椒粉、孜然粉、孜然粒、食鹽，在他一烤一撒的接替頻率下，迷人香味飄向老遠。

烤雞翅肥碩，烤雞心入味，再來幾串氣味濃到化不開的烤牛肉，舉杯歡敘正當時。

哪裡吃

金麥子酸白菜火鍋
(02)2304-3236　台北市萬華區中華路二段80號

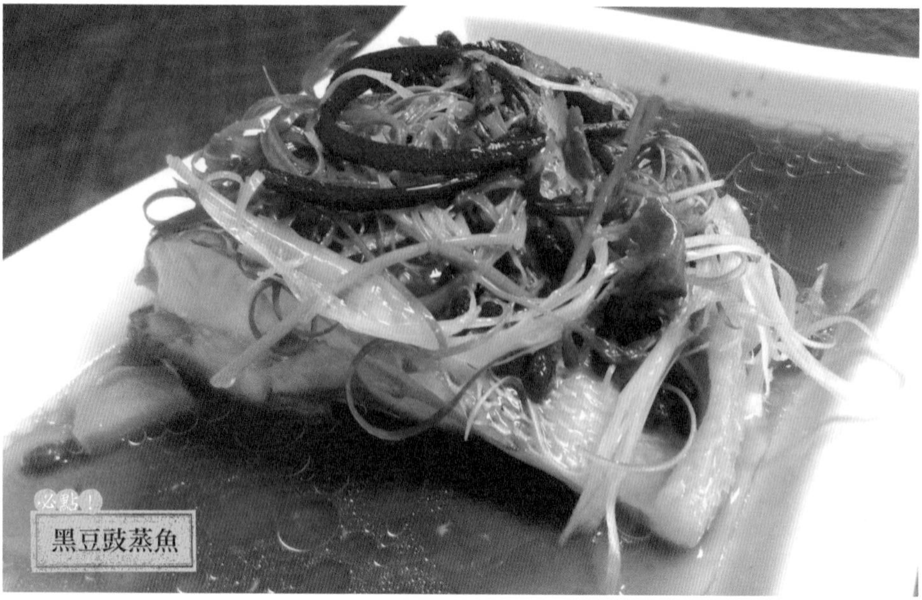

〇三三・台北
咖哩先生

港式蒸魚，鱻極！

僑生阿作結業後留在台灣找出路，他先在印度僑友開的咖哩小吃攤幫忙，幫著幫著漸有心得，友人轉返本行，他接下所留的生財工具，在台大運動場對面不起眼的巷間小厝，整出自己賣咖哩的橘色小鋪。

幾乎是台大師生跟熟門熟路者才知道的咖哩先生，每天用餐時間一到，便望見阿作規律作息的身影穿梭其間，理好吃客餐飯的餘暇，香港生長的他總會蒸條鮮魚犒賞自己，看著吃不著徒然嗞口水，客人們發出同樣疑問：「老闆，這麼香的魚感覺好棒啊！為什麼不賣？」

活魚宰殺乾淨，腥味來源的內臟務必徹底去除了才清洗，加上一小截老薑，擱進水多火大、熱氣蒸騰的鍋中，十來分鐘原味蒸熟，魚

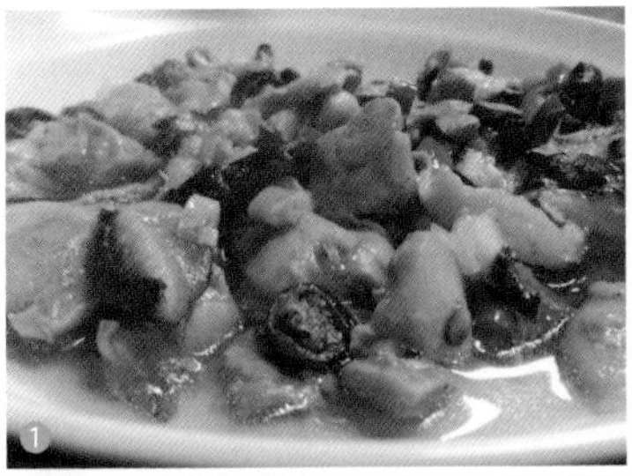

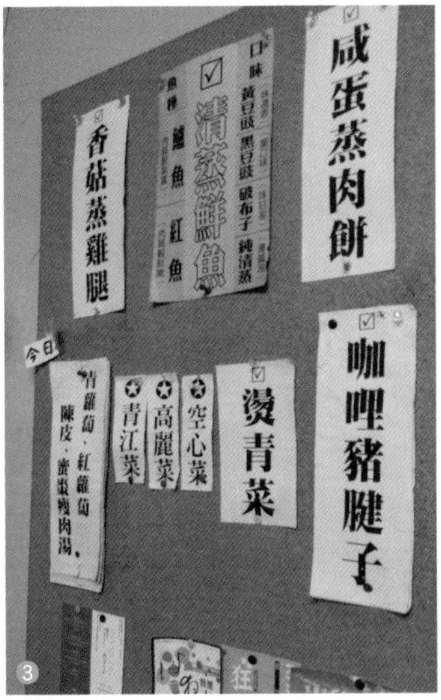

❶ 香菇蒸雞腿。
❷ 紅蘿蔔例湯。
❸ 店中一景。

碟中續下香菜、蔥絲、辣椒絲，以及比例得宜的蒸魚醬油，最後淋熱油上桌。未及下箸，便感受到魚汁、蔥絲、香菜絲與滾油融合的多重香氣。

黑豆豉蒸、黃豆豉蒸是原味蒸魚外的他選，客數少的時候，阿作會視吃客喜好，單蒸魚頭或是魚尾，客數多時自是全魚上場。同樣是豆豉蒸魚，黑豆豉與黃豆豉香氣渾然不同，黃豆豉清香，黑豆豉味濃。此外，紅魚嫩、鱸魚有勁道，只不過同般調味下，即使香氣相同，咀嚼時依然感受得出同中有異。

咖哩牛腩、港式蒸魚外，香菇蒸雞腿也是必嚐之味，雞骨一剁即碎，不慎便隨肉吞嚥。阿作將雞腿去骨留肉，再依廣東老菜北菇蒸雞的步驟，將醬油、蠔油、沙拉油、香菇汁、太白粉、白胡椒粉醃漬入味的雞腿丁與香菇丁大火蒸熟，軟嫩無比的香菇蒸雞腿，烹調簡單卻甘甜爽口。

好食材加誠意烹調，阿作多年來的樸實家常味，勝過任何氣派豪華味。

哪裡吃

咖哩先生

0930-773073　台北市大安區新生南路三段70巷6號後棟

〇三四・台北
信遠齋
老中醫的私房菜

初來台灣的那些年，每天看診完回到寓所，盧逸塵最熱衷的，莫過於小酌兩杯，閩南籍的妻子經他調教，也做出一手好菜，下酒的燻雞、燻魚、醬肘子、滷翅膀，更是可圈可點。

送滷菜給好友街坊們分食屢獲好評，慫恿鼓勵他開店的聲浪自此不絕於耳，說服到盧逸塵也動了心，他仔細評估後，在消費力最強的台北東門市場附近，選了做北京醬滷味鋪的店址，逸華齋開張不久果然門庭若市。

逸華齋的醬肘子與燻雞，在達官顯要、名流貴婦家的飯局出現頻繁，十七歲的忍梅從苗栗三灣北上求職，因緣巧合進入逸華齋，也開啟了她不尋常的美味人生。

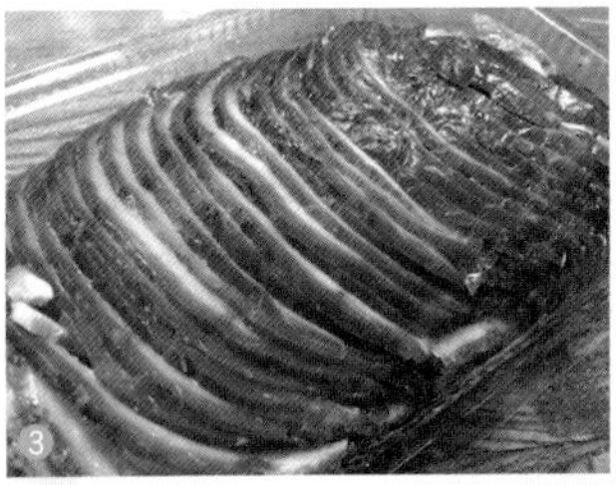

❶ 醬豬耳朵。
❷ 炒糯米椒。
❸ 醬肘子切片。
❹ 素什錦。
❺ 醬肘子。

一年三節是鋪子裡最忙碌的時刻，高效率的忍梅總能達成不同顧客需求，乖巧勤奮的客家女孩，深得中醫夫婦喜愛，直接收為義女，全權掌理醬滷味鋪的大小事務。兩老辭世前把店託付給她，同時更名信遠齋。

豬蹄膀一進廚房，拔毛、刮皮、抽骨的前置工作便開始進行，草繩紮起、水煮除腥後才能進滷鍋，出鍋除去草繩，接著用線繩再度將蹄膀捆緊，好吃的醬肘子製程繁瑣。

同樣要細心除毛的豬耳朵，熱水汆燙過還得用噴槍燒灼易忽略的位置，一次又一次地檢視，直至清理徹底，不帶異味的豬耳朵，滷過才能香脆爽口。雞腿以漢方香料醃置於冰箱整晚，再以滷水滷入味，最後以松枝燻上一個小時，當涼菜吃的燻雞腿，燻香味極其優雅。

除了老中醫的傳家私房味，信遠齋的外帶小菜，道道皆符高級餐廳水準，素雞不容錯過，烤麩、素什錦、油燜筍，這些常見的江浙口味小菜，刀工火候到位，漏買一樣都可惜。

哪裡吃

信遠齋

(02)2391-0020　台北市中正區新生南路一段170巷15號

〇三五．台北 柳州螺獅粉

滑溜帶勁柳州粉

有句俗話說：「生在蘇州、穿在杭州、吃在廣州、死在柳州。」短短十六字，述盡中國人的終身品味。柳州木材聞名，是製棺木的上選材，當地還不乏將迷你小棺材做成旅遊紀念商品，取意升官發財。柳州在廣西縣境，又緊鄰桂林，飲食習慣相通，桂林米粉與湖南之湘粉、雲南之滇粉及江西著稱的米粉，同列中國飲食文化中的米粉吃食代表。有趣的是以上地區口味皆偏酸辣，不論將米粉炒食或煮食，口感酸香辛辣。與其他地區煮食米粉的最大區別，是柳州人擅以螺獅來熬製米粉高湯，並在湯粉中加入多款開胃小菜，像酸筍、酸豆角、花生米、豆皮、木耳、豬肉、大腸頭等，還撒了大量的蔥花與香菜。十二年前嫁到台灣，吃

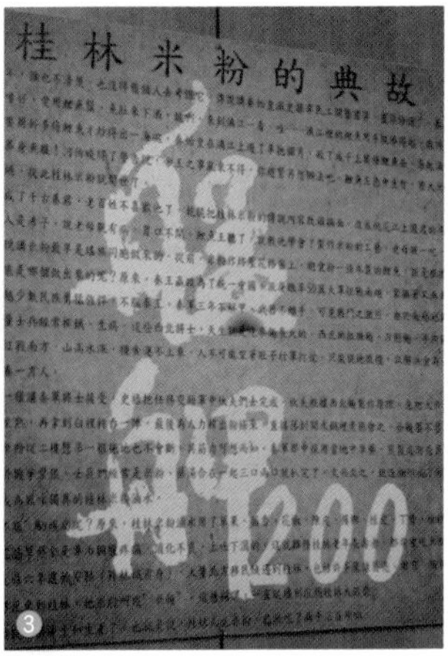

❶ 牛肉、酸菜、大腸頭、花生組成綜合口味的螺絲粉。
❷ 螺絲粉比一般米粉有咬勁。
❸ 店裡牆上記錄了螺絲粉的由來。

不慣偏甜、多勾芡的台灣小吃，韋晴雯幾乎每兩個月就要回到柳州娘家，嚐嚐酸罈子裡醃漬出的酸蘿蔔，嚼嚼夠味的酸辣椒，直到她把台灣的菜市場摸熟了，她才開始做起家鄉味。

打八歲起就幫媽媽做全家人的三餐，辣妹子韋晴雯從小就練就一身好廚藝，她從花蓮活水源找到無汙染的石螺，下米酒和薑炒過，與丁香、花椒、八角、桂皮、草果等漢方滷包加上大骨高湯熬煮，螺絲米粉湯飄出的香味，不僅吸引了同鄉、鄰居，還吸引了打聽外賣的路人。在萬華火車站對面開張，小小店面裡裡外外總守著等米粉吃的饕客，不論是湯粉還是乾拌粉，圓滾滾的米粉滑溜帶勁，加上辣椒油，淋些加了檸檬水的青椒酸醋，除了過癮，真不知還有什麼形容詞足以描繪。豬肉、牛肉、大腸頭為主料的螺獅粉，視個人喜好選擇，無從選擇時倒可以來個綜合口味的，怕熱湯促使熱汗淋漓，亦可選乾拌螺獅粉，老闆娘炒的花生火候一流，酸豇豆更是爽脆，泡在湯裡不見軟化，讓每口米粉入口時倍加提味。

哪裡吃

柳州螺獅粉
(02)2306-1636　台北市萬華區艋舺大道200號

必點1
松露野菌腸粉

〇三六・台北

常聚粵菜

豐儉由人廣東菜

從一早提著鳥籠進茶樓喝茶，一盅茶兩件點心消磨一上午，到鮑參翅肚盛宴整桌，粵菜給人的感覺，就是不論社會階級高低，都能滿足口腹之慾的美味。正因如此，粵菜在全球中餐廳的所佔比，總能高於其他菜系。

早年大批港廚登台，讓台灣的粵菜多年來建構出極佳水準，隨後，五星級飯店的搶手港廚為高檔粵菜餐廳網羅蔚為風氣，台北市立仁愛醫院對面的常聚粵菜便屬一例。

華志師傅十四歲在茶樓習藝，精通各色茶點，他在蝦餃、鳳爪、蒸排骨、叉燒包等慣見港點外另添新意，將完整的花枝肉、豬絞肉與夏日當令的蓮藕做成花枝蓮藕餅，花枝鮮、蓮藕脆，口口質地綿細，是常聚飲茶中頗值一試

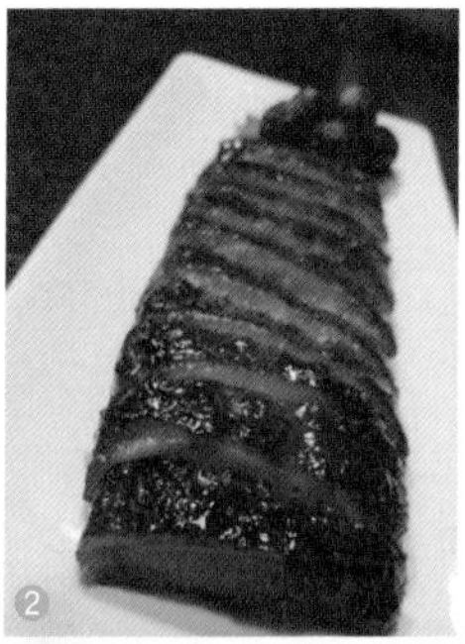

❶ 西施稻草牛。
❷ 脆皮叉燒。
❸ 藕片雲耳炒雜菜。
❹ 蘿蔔千絲酥。
❺ 花枝蓮藕餅。

的茶點。

如小籠包般摺紋無數，一條條線路層次分明的蘿蔔千絲酥，炸得火候到位、口感乾爽，內餡的蘿蔔絲尤其熟軟透爛，以入口即化比喻，誠然當之無愧。

一人份的瑤柱灌湯包，以港式鹼麵麵皮包餡，沖入雞湯溫潤食用，揭開外覆的麵皮，內裡的瑤柱、蟹鉗、蝦仁、雞肉填得飽滿，一口湯一口餡一口皮，汁鮮味美不在話下。

多數人飲茶時總不忘點客腸粉，早期最具代表者，莫過於牛肉腸粉與韭王鮮蝦腸粉，還有老廣最愛的炸兩——蔥花油條腸粉，常聚點心師傅創新內餡之作松露野菌腸粉，與淋汁甜醬油風味投契，整捲食盡意猶未盡。

九百公克的牛小排以洗淨的草繩綁妥，滾水汆燙去除碎屑雜物，與香料、醬油、酒水熬製的滷水燜煮，熟透的稻草西施牛一上桌，隨著蒸騰熱氣，散發出一般紅燒牛肉罕見的稻草香，無需任何沾醬便風味十足。

哪裡吃 | 常聚粵菜
(02)2751-6116　台北市大安區仁愛路四段25號B1

〇三七・台北

祥發茶餐廳

小飛俠的世紀港味

二〇〇六年秋天，台灣的茶餐廳方興未艾，在港廚界作風素來瀟灑、被冠以小飛俠之譽的鄧師傅，在完工未久的市民大道上，找了一個小店鋪，展開他跨足廚師行以來的首次創業之旅。在五星級飯店出來的鄧師傅指揮下，茶餐廳風味果然受到嘴刁吃客的肯定，生意爆滿到小店必須將隔壁一併租下，才有寬敞的廚房，得以不用替代品而以手工備料，做出道道連正港人都首肯的香港味。

春捲、蘿蔔糕、菠蘿油餐包、凍檸七跟鴛鴦奶茶，是許多茶餐廳征服吃客的利器，即使店裡的這些餐點每天例行固定生產，小飛俠師傅還是希望把香港一些經典老味道介紹給上門的吃客。

❶ 豉汁魚雲。
❷ XO醬海鮮炒公仔麵。
❸ 煎釀三寶。

豆豉、香油、蠔油、蒜蓉、薑末、乾蔥末、太白粉、生抽加上老抽，最重要的是廣東人最重視的陳皮不能少，諸多香辛料調出豉汁後，再把肉厚的鰱魚頭剖開斬塊，以豉汁輕揉，均勻地浸拌，上蒸籠以滾水猛火蒸熟。以豆豉蒸魚頭的老粵菜豉汁魚雲台灣素來罕見，上祥發茶餐廳吃，無疑省卻了港台飛行解饞的費用。紅酒牛肉原本是法國菜中的經典，小飛俠以去骨牛小排等級的牛肉部位，用洋蔥、蒜頭、芹菜、胡蘿蔔打出的菜汁醃漬一夜再入紅酒燜燒，那不遜法式美饌的滋味，讓人嚐過便難以忘懷。

順德代表菜煎釀三寶，本以鯪魚魚漿鑲嵌青椒、茄子、蓮藕或是豆腐，然而國內鯪魚難尋，祥發改以本地鮮魚打出魚膠，再以辛辣度低的茄子、青椒、紅辣椒鑲嵌，魚漿新鮮的程度，有如親歷基隆嚐天婦羅的感覺。

鮮蝦、鮮魚加魷魚炒出的XO醬海鮮炒公仔麵，讓本是泡麵的麵體加碼升級，主菜主食遍嚐後，加道香菜皮蛋魚片湯收尾更好。

哪裡吃
祥發茶餐廳
(02)2731-9108　台北市大安區大安路一段108號

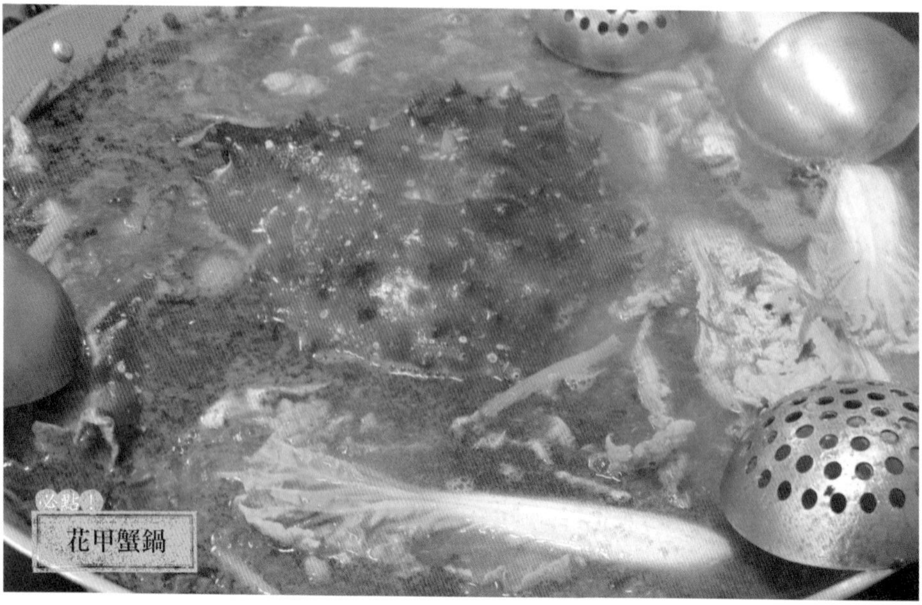

〇三八・台北

黑潮市集

大蟹小蟹集一鍋

以船為家、水上討生活的人，廣東人稱為水佬，水佬予人的印象無疑是海鮮通。澳門有家名聲響亮、店名順口易記的「水佬榮」餐館，沒有傲人裝潢，卻總門庭若市，吃客多為店裡的招牌菜「花甲蟹煲」而來。

花甲指的是海瓜子，以海瓜子與螃蟹同煮，同時添加大量的洋蔥、蒜苗、西洋芹，以瓦煲（砂鍋）盛裝，即花甲蟹煲。台北通化街夜市有家黑潮市集火鍋店，賣的便是近似澳門風味的花甲蟹鍋。

開黑潮市集前，店主小房偕同主廚親往澳門，研究花甲蟹鍋受歡迎的所在，想出小蟹熬湯、大蟹下鍋的方法。主廚先以少油爆香白胡椒粒跟乾辣椒，再注入高湯，加上蛤蜊、雞

❶ 海鮮鍋同樣可加涮牛肉。 ❷ 小螃蟹鍋底色澤橘黃。
❸ 花枝是海鮮鍋中不可少的一味。 ❹ 燙熟的蟹鉗肉質緊實。

骨、魚骨，以及石蟳或三點蟹，熬出厚實香濃的鍋底。

洋蔥、香菜、蒜苗、西洋芹、黑木耳、海瓜子在火鍋中高高疊起，視顧客選擇加入日本毛蟹或沙母，再注入色澤橘黃的蛤蜊小螃蟹鍋底上湯，隨著溫度持續上升，蟹湯的香氣不斷竄升，熱熱的鍋底高湯單是試嚐一口，比餐前小菜還開胃。

不像一般火鍋總要先涮肉再吃配菜，泡熟於花甲蟹鍋中的各料，每一味都格外有味，先吃上一些再下肉品，便能體會鍋底本身的實力。安格斯無骨牛小排甜美無比，不沾任何醬料都可口；原味花枝漿與蟹黃花枝漿兩種丸料，等牛肉吃上一半再下鍋最適時。

邊吃蟹邊等蟹黃花枝丸在鍋中煮熟，是吃花甲鍋的一大樂事，等待過程中，鍋底不斷泛出兩種花枝漿加熱後的香氣，原味花枝丸、蟹黃花枝丸交替著吃，最能感受彼此同為美味卻明顯不同的香氣差異。多層次的火鍋吃法若意猶未盡，加個烤青甘下巴，可謂完美Ending！

哪裡吃

黑潮市集

(02)2708-3080 台北市大安區光復南路692巷6號

必點！ 女兒紅醉雞

〇三九・台北

葉公館

低調奢華見古雅

上海沉潛十年，Jimmy 難忘早年在台北開餐館的風光，即使大環境不同以往，他始終堅信，商機掌握在敢於與眾不同的人手上，收拾行囊，他回到自己最熟悉的所在。

台北遠企旁，葉公館近乎全透明的格窗外觀，讓路過者無不止步看上一眼，廚師整排站著炒菜的壯觀景緻，繁瑣細節，完全納入好奇者眼簾。Jimmy 跟他的廚師群，搖鍋揮鏟，就像一幅廚房的現實寫生。

傳統醉雞黃酒味太濃，Jimmy 改以台灣陳紹加女兒紅來醃泡醉雞，女兒紅醉雞在嘴裡感受到的，是絲絲優雅柔媚的酒香。木耳絲難入味，蓮藕片不易熟，該先氽燙的蔬菜先燙過，其他用素高湯略煨，金針菇、豆皮絲、茭白

❶ 薺菜海鮮冰花煎餃。 ❷ 蟹粉炒河蝦仁。 ❸ 上海野菇菜飯。

筍、竹筍、銀芽、木耳絲、藕片，與浙江盛產的羊尾筍拌出的野菇羊尾筍，無葷也鮮。

江浙人視蟹為水中第一鮮，全蟹蒸食吃法外，蟹中精華的蟹黃，是包小籠包、炒河蝦仁的上選食材，葉公館的蟹粉炒河蝦仁，廚師依紅蟳、青蟳、處女蟳分別拆出蟹黃，加蟹肉炒好後，再與河蝦仁同炒，蝦蟹之鮮味集一碟。

家鄉肉燜煮出的菜飯，是許多老饕的最愛，然而太死鹹或水分含量過多的家鄉肉，全然無法達成這樣的效果。為此，Jimmy 挑家鄉肉的標準格外嚴苛，葉公館的上海野菇菜飯，也因上選家鄉肉滋味無窮。

蘆蝦、鱈魚抓醃調味後上漿，與切細丁的海參，以及野菜中最適合包餛飩、餃子的薺菜拌成餡，包入餃皮加水加油煎熟，薺菜海鮮冰花煎餃貼鍋底的黃金酥脆外皮朝上，以薑醋沾食美極。

中午用餐時間短暫匆促，葉公館的商業午餐由外到內，沙拉、主菜、配菜、點心一應俱全，設計古雅秀氣。

哪裡吃

葉公館

(02)2736-1999 台北市信義區安和路二段118號

〇四〇・台北 福州新利餐廳

蝦油與紅糟共譜福州味

阿光十二歲那年跟著福州菜師傅當學徒，一做就做了三十餘年，他任職的福州新利餐廳，在台北經營長達六十年，有歷史的老店自然不乏祖孫三代的主顧，對菜餚的正統性相對也要求特別嚴。

每天下班離開廚房前，阿光總不忘慣例地檢視做福州菜不可或缺的各項食材、調味，只要短缺了一樣，呈上桌的菜即使樣貌不變，味道卻半點瞞不了刁嘴的主顧。正因主廚戰戰兢兢，福州新利餐廳成為許多福州人回味家鄉味的首選。老練的吃家一坐上位，幾乎不用看菜單，腰花海蜇、紅糟炸鰻、一品海鮮米粉、鳳凰倒粉就從口中朗朗點出。

只要有蝦油，或是乾香菇蒂磨成的菇粉，

❶ 海鮮米粉。
❷ 脆炒腰蟄。
❸ 干貝酥娃娃菜。
❹ 捲尖。
❺ 芋泥。

無需味精，好菜就能從阿光的手中完成。腰花過水汆燙，與海蜇、魷魚快火炒成的腰花海蜇，酸甜芡汁恰到好處，會同墊底的油條吃，爽脆無比。

十斤以上的大海鰻刺少肉鮮，切塊醃上紅糟一整天，才裹上麵粉調成的濕粉漿，紅糟炸鰻藉天然發酵的紅糟上色入味，沒有色素、沒有香精，香氣色澤卻遠勝化學色素香精。

蒸熟的公、母蟹去殼取肉，與炸得蓬鬆的粉絲以豬骨加雞骨熬的高湯燜煮，再加入豬肉泥、雞肉泥文火續煮，雌雄雙蟹費工完成的鳳凰倒粉，像蒸蛋又非蒸蛋，柔嫩鮮美。

以蝦油與炒菜油將螃蟹、鮮蝦、蛤蜊等海味爆香，入高湯煮至湯滾續加入米粉，福州最具代表性的魚丸、燕丸，起鍋前加入稍燙即熟的鮮蚵，一品海鮮米粉的滋味，沒嚐過的人實在難以領會。

芋泥是福州著名甜點，再飽足也不宜遺漏，一份甜點若意猶未盡，可加份豆沙為餡的糯米捲尖，精緻福州味，道道沒錯過。

哪裡吃

福州新利餐廳

(02)2771-2088　台北市中山區龍江路85號

〇四一・台北

福鼎湯包店

單純卻不簡單

離開工作多年的麵食老店，搭上北上列車，往台北名店深造的阿仁，抱著取經的心，要求自己爭氣，車輪不間歇的轉動聲，似乎提醒著他，回到好山好水的花蓮故鄉時，鄉親要能以他為傲。

跟著鼎字輩點心師傅習藝，手藝學到了，也觀摩出經營管理技巧，在萬芳醫院與中國科技大學間的小吃街，阿仁很快地頂下了屬於自己的店面。校外餐飲多以低廉價格爭取顧客，阿仁的湯包店卻因好食材加精湛手藝而生意日隆，經常門庭若市。

早起的鳥兒有蟲吃，早早抵達菜市的店家自然也能購得貨色、價格均佳的食材。易爛怕水、必須小心呵護的韭黃，是湯包肉餡最好的

❶ 油豆腐細粉。
❷ 蔥油餅。
❸ 手工蛋餅。
❹ 小菜涼拌過貓。

搭檔，阿仁每天凌晨兩點親自去批發市場挑回整箱韭黃，與打好蔥薑水的絞肉拌勻包入小籠包皮內。就像品茗先聞香一般，將韭黃鮮肉湯包輕輕咬開個小口，白韭獨特的清香，便自騰騰熱氣中徐徐擴散。集蝦米、豆腐、粉絲、雞蛋、芝麻、青江菜於整盆的花素蒸餃餡，蝦米煸炒的火候足、粉絲浸泡的時間夠，讓這味花素蒸餃在慢慢咀嚼的過程裡，能逐一感受到青菜外其他餡料的本身香氣。

早餐時段才供應的手擀蛋餅亦是福鼎一絕，有別於市售蛋餅多為清水和麵，捨得下料的老闆以高湯來和蛋餅麵糰，煎得有如層疊透明宣紙般的手擀蛋餅，連佐料的蒜蓉醬汁都不馬虎，炒去蒜生味的蒜碎調入醬汁滾過涼置才用以沾食，蛋餅香氣更添一重。

店中小菜亦堪推崇，南投來的過貓蕨，幼嫩爽口，清燙拌食即美。纖細討喜的黃豆芽略炸後拌上切細的豆包絲，是不易吃膩的主食之輔。若意猶未盡，加個蔥油餅搭油豆腐細粉也不錯。

哪裡吃

福鼎湯包店

(02)2931-7338　台北市文山區興隆路三段112巷2弄13號

〇四二・台北

廣安樓

吮指回味老粵菜

一九七八那年，光聽、樟生倆一起進了香港楓林小館，年齡相近讓輩分為叔姪的倆小夥感情特別好，一九八五年楓林小館遷台，直到台北店休業為止，都沒讓志同道合的兩青年拆夥，而是留在他們攜手創業的廣安樓廚房，讓正統粵菜繼續飄香。

買回來的曹白魚剔下小刺、切成小塊並泡油裝罐，客人點鹹魚蒸肉餅時，光聽就可以老神在在地處理其他菜的備料工作，當外場服務員送上蒸肉餅的菜單，他才將荸薺、豬後腿絞肉加上切碎煸炸過的鹹魚，拌勻上火蒸。

樟生每天的固定工作，是把店裡的招牌菜鹽焗中蝦所使用的白蝦處理乾淨，晾乾後單純地撒點鹽拍點粉，大火快炸，技巧純熟只炸一

❶ 鹽焗中蝦。
❷ 蠔油牛肉。
❸ 廣州炒麵。
❹ 瓊山豆腐。
❺ 芋泥鴨（需預訂）。

次便搞定的這道海味，讓不愛蝦的非甲殼族也停不下筷子。

不偷懶的兩叔姪堅持不用肉商切好的現成牛肉，而是費事地自行斷筋修肉，再以雞蛋生粉適度醃漬，不似坊間餐廳一味只求嫩度，過度借助木瓜酵素，廣安樓手切牛肉炒成的蠔油牛肉，保留了牛肉當有的特色與風味。

廣東菜裡蛋白多用於甜點之燉奶，唯獨瓊山豆腐這道海南菜是以完整蛋白當主材，彭氏兄弟篩取十顆蛋白，下鹽及清水打至起泡，蒸熟後淋上蒸熟干貝絲、蠔油與高湯煮滾入味的芡湯，是蛋不見蛋的這道菜，細白粉嫩，融著湯汁合食格外滑順。

多數人視下飯菜配白飯為準則，積習雖如此，考驗一下大廚的廣州炒麵也無妨，肉片、蝦仁、花枝、鮮蔬等組合的炒麵澆頭，讓麵條吃到盤底快朝天、碟中餘汁無幾時，最後一撮仍爽口。單是將麵條油炸與芡汁多寡的工夫掌握，吃客們便不難識及經驗老道師傅的絕佳技巧。

哪裡吃

廣安樓

(02)2723-4356　台北市信義區光復南路447-16號

墨魚牛軋糖

〇四三・台北

養心殿

牛奶西紅柿聚一鍋

每當華燈初上，台北市民大道敦化至延吉街段的兩側，一家又一家的火鍋、燒肉店熱鬧異常。這短短不到五百公尺的一段路，晚餐時段營業時間漫長，是台北最具代表性的宵夜區。商戰激烈的這一區，氛圍高雅、設計有古董文物店味道的養心殿火鍋格外引人注意。喜歡文物的店主，處理食材就像整理文物般細膩，除了熬湯底、做甜點費工時，清洗菜餚亦不省事。

火鍋必備的高麗菜，購回剖開沉入水中，吸足水分灰塵浮散出，再將菜葉片片剝開、修剪並仔細清洗。盛入菜盆的高麗菜，質感就像觀賞蔬菜。鍋底分成牛奶鍋、番茄鍋、養生鍋與麻辣鍋四種。

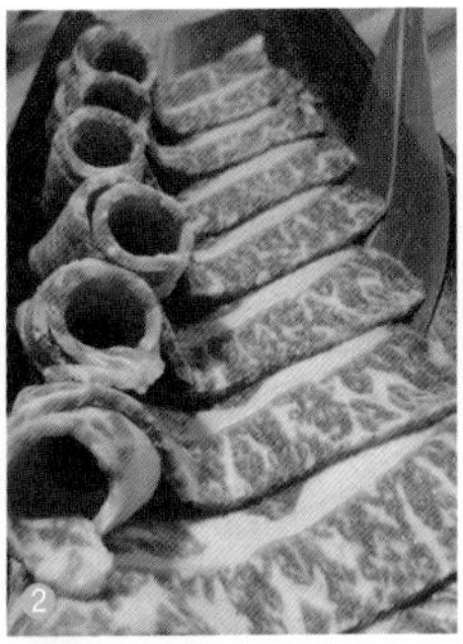

❶ 茄紅美人湯。
❷ 油花豐富的牛肉。
❸ 綜合海鮮。
❹ 養生湯／牛奶精力湯鴛鴦鍋。

牛奶精力湯的內容為牛奶加蔬果湯底；茄紅美人湯是宜蘭牛番茄與蔬果湯底數小時熬煮的成果；養生湯是國人喜愛的黑麻油薑為主味。任取兩項組成鴛鴦鍋來吃，不燥不熱，不違養生原則。

玉米、香菇、鴻喜菇、金針菇、高麗菜，分別下鍋前，先行嘗試兩種湯的湯底，印證鍋底濃醇鮮美兼具後再下火鍋料，高麗菜快煮即熟，甜脆瞞不過味蕾。新鮮豆皮也是快煮最美味，透過無大骨熬製的蔬果高湯涮熟，又軟又嫩卻完整不透爛。長長方方的墨魚牛軋糖，由墨魚汁與墨魚肉加魚漿合成，黑白分明、模樣討喜，彈脆不黏牙。松阪豬、牛小排肉質不同，燙涮時間亦不同，牛小排肉嫩，火速涮三下即可，松阪豬肉韌，要稍煮片刻才能嚐到肉質特色。喜愛海鮮的話，青蟳、鱘龍魚、波士頓龍蝦、日本生干貝，食材質優皆可點食。

番茄湯、牛奶湯各具特色，飽啖火鍋各料後可獨飲亦可混合喝，有別於西班牙番茄濃湯，卻融合著另一種讓人愉悅的滋味。

哪裡吃

養心殿

(02)2778-1223　台北市大安區市民大道四段110號

〇四四・台北

蘇杭點心店

細熬高湯的美味

從嫁至可榮家起，珍如完全忘記自己是父母嬌寵的小么女，她協助老公炒豆沙、拌芋泥，回覆吃客所有對江浙風味不了解的疑問。鎮日穿梭堂前堂後，汗流浹背。當別人問她，餐飲這行苦吧？她一貫展露陽光笑容，答說一點也不苦。

當別人早已用肉骨粉調湯，珍如還是豬大骨、雞骨、小蜆仔、黃豆芽幾比幾地下鍋，熬製好幾小時的鮮濃高湯。她牢牢記住這是公公生前不時的提醒，不用味精，就要藉原汁原味來提味。無論湯煮年糕、油豆腐細粉，蘇杭點心店裡的湯食全以久熬高湯為底，甚至連糯米椒、油燜筍這些需要燜製的小菜，也以湯代水燜燒，過過油的糯米椒經醬油、冰糖、高湯收

❶ 鹹香的鮮肉月餅是蘇式月餅代表作。
❷ 香辣椒蛋。
❸ 盆頭小菜糯米椒。

汁後格外開胃解膩。

撕老梗多餘纖維的桂竹筍，燜燒出濃濃醬色，調味簡單滋味卻豐富。水煮蛋油炸後切半，加剁碎鮮辣椒與辣椒醬同燒，起鍋前再加入炸酥的小魚乾，丁香辣椒蛋滿足了重口味吃客的喜好，連醬帶汁加在八寶辣醬麵上，讓乾拌麵多了風味與飽足感。

在兒孫攙扶下，走進台北市公車公教住宅站旁的蘇杭點心店，上海爺爺望見里脊鮮肉餅，訝異得睜大了眼睛，原來無需搭機跨海到對岸，台北也能吃到老上海人全年都吃得到的上海式鮮肉月餅。每年的中秋節前夕，除了台式咖哩月餅與魯肉月餅，月餅種類幾乎全為甜食所佔，開幕十餘年，蘇杭點心店的櫥櫃裡卻永遠少不了這一味，它消解了無數江浙人的鄉愁。里脊肉為主、五花肉少許、後腿上肉酌量，三種豬肉細絞出的鮮肉酥餅，肉質細膩、油水均勻，裹在油酥、油麵與乾麵粉組合成的重重酥皮中，咀嚼的每一口，都是十里洋場的繁華呈現。

哪裡吃

蘇杭點心店

(02)2716-0696　台北市松山區民生東路四段76號

〇四五・新北

尚館子餐廳

必點鐵子與刀削麵

與台北近郊山區和新北市的永和區一樣，新店區的人口中，軍公教人員所佔比例極高。收入穩定下，即使簡樸，仍然懂得以最經濟的消費方式休閒，心情好荷包也不空，上館子小吃或小酌是常態休閒。

新店區外省小館密布，早期集中於北新路、新店區公所及調查局周邊，自特定區域的老舊房舍拆除、寬闊的中興路開闢後，裕隆城與家樂福所在的中興路，逐漸凝聚消費人潮與錢潮。

文祺在新店的老字號麵食館效忠三十餘年，胸懷大志的他，多次要求自己待了半輩子的餐廳提升用餐氣氛、菜餚品質未果，感懷地離開老東家，並在自己最熟悉的新店，經營屬

❶ 單餅饊子。 ❷ 茄子肥腸煲。 ❸ 牛肉餡餅汁鮮肉嫩。
❹ 川味涼粉。 ❺ 筷子機提高了餐飲衛生與安全性。

於自己的店——尚館子。

大方有味道的餐廳外觀，很快地吸引了舊雨新知，顧客們甫進門，著重衛生的筷子機便陳列於最靠近入口的地方，餐廳牆上還掛著店主為吃客投保的公共責任意外險。

隔著透明玻璃，跟其他「同事」同樣穿著制服的機器人頭號員工，快速削著刀削麵，文祺對這位不偷懶、不抱怨、不拿翹，手藝好、效率超高的夥計無比滿意，最重要的是，它削出來的菱形寬麵，水煮澆湯、添油快炒都好吃！用雞蛋、肉絲、小白菜炒出來的木須刀削麵，是尚館子必吃的麵點。坊間難得一見的徐州單餅饊子清爽不膩，乾烙的單餅皮薄如紙，夾上炸得很乾爽的盤絲饊子，外軟內脆，口感好極了！

除了麵食，刀工火候俱佳的大廚老闆，一手小炒鍋氣十足，醋溜白菜酸度適中，豆乾肉絲相當開胃，茄子肥腸小砂鍋、涼拌川味涼粉，還有豆酥魚片，在在都是打牙祭之選，不論人多人少，吃飯都能盡興。

哪裡吃

尚館子餐廳
(02)2911-6020　新北市新店區中興路一段267-3號

〇四六・桃園

十三張紅油炒手

大雜院裡的麵食

廣場停駐著軍綠色交通車，等候不同位階的軍官、士官走出眷舍，趕早到營區上班。送走上學的孩子，媽媽拎著菜籃轉向村子口的菜場，那裡不僅是柴米油鹽的添購所在，也是鄰居話家常的據點。

念小學的時候，阿富周遭盡是眷村子弟，放假總會相約至彼此家中，每經過那排整齊的眷舍，望見的，是眷村媽媽曬被子的情景，聽到的，是此起彼落打十三張麻將的洗牌聲。

要好的同學那麼多，阿富卻沒和同學一樣，依兒時的志願當職業軍人，而是憑著記憶裡的眷村味，開了家外省味麵食館，還用國旗與大幅眷村老照片布置，走進十三張紅油炒手店的客人，就像墜入半世紀前的時光隧道。

❶ 涼拌豬耳朵。
❷ 小菜琳瑯滿目。
❸ 鮮肉紅油抄手。

十三張紅油炒手的川味牛肉麵，牛肉給得又大又多，手工刀削麵飽飽地吸附住紅燒牛肉的湯汁。為了顧及大眾口味，鮮肉紅油抄手的辣油不像正統川味那麼麻辣，拌上燙熱的餛飩調勻，感覺鹹香到位。

豬耳朵雖是小菜，處理得乾不乾淨對味道影響很大，即使再麻煩，清理上依然不能偷工，清乾淨的豬耳，滷到入味後再薄切，不論是佐食餛飩或是麵點，皆肥香不膩。

涼拌干絲講究的，是鹼水浸泡的濃度與時間，掌控得好，干絲軟硬適中，拌上燙熟的芹菜與香油，吃上幾碟都不嫌多。木耳是保健食品中最可口的食材，除了當配菜煮湯炒菜，涼拌木耳尤其開胃，幾乎桌桌信手一碟。

早期眷村老兵只要一碟乾煸辣椒，就能痛快地喝上半瓶高粱，話起當年勇是半天也述說不完，阿富的小菜群裡，自然少不了燒綠辣椒豆干，微辛微鹹的香氣，讓簡單的麵食把華麗大餐都比下了。

[哪裡吃]
十三張紅油炒手
(03)492-9926　桃園市中壢區民權路二段1-1號

〇四七・桃園

小雲滇

雲南米食大不同

「熬湯的骨頭定得帶肉，只用光禿禿的大骨熬湯，湯哪會香？」母親為滾湯撇油的身影無比熟悉，她碎唸多年的撇步在女兒恩寧耳裡也不覺嘮叨，小雲滇這個坪數不大的小店，不僅是全家的經濟來源，亦是母親重要的精神支柱。

無暇與同學嬉戲，每天得陪母親在忠貞市場內備貨開店，恩寧卻從不遺憾，忠貞市場是全台灣雲南食物最齊全、最具代表性的市場，喜歡來這裡嚐鮮的外地客，只要滿足地走出小雲滇，便是母親李詩梅最寬慰的事。

果汁機先將新鮮番茄打細，再以紅蔥頭、大蒜、薑末把豬絞肉煸香，兩者合一熬煮成的濃稠紹子醬，是小雲滇米線、米干好吃的關

❶ 紹子肉蛋米干。
❷ 紹子豬肝米干。
❸ 豌豆粉。
❹ 大薄片。

鍵。質地近似細米苔目的米線，煮熟乾撈，鋪上荷包蛋，淋上醬油，撒上手工搗碎的花生與紹子醬，便是色香味俱全的紹子乾拌米線。

米干形同客家粄條，加上肉片、蛋包、紹子醬與乳白色的濃醇高湯，是熱騰騰的紹子肉蛋米干。早期的人生活檢樸，視昂貴的豬肝為大補食材，非必要通常不捨得吃，以豬肝片取代肉片的紹子豬肝米干，是長者的懷舊選項。

荷蘭豆去皮挑出的青豆仁，泡軟磨成豆漿，靜置兩小時讓澱粉沉澱，先取豆汁煮沸，再將沉澱出的豆粉加入，青豆漿隨之產生勾芡效果。煮至濃稠的稀豆粉冷卻定型切塊，再與醬料調味的豌豆粉合食，豆香清雅。

放血徹底的豬頭燒盡雜毛並洗淨，滾水煮熟後僅取頰肉以利刀片薄，冰鎮後的大薄片拌上芝麻、花生、大蒜、花椒及辣油，爽脆可口極了！配搭任何一種米線或是米干都是絕配。餐畢加份甜點椰香紫米，市場美食之旅才算圓滿。

哪裡吃 小雲滇
(03)438-7492 桃園市中壢區前龍街35號

〇四八・桃園

烏地方陝西小館

林口尋秦味

每想起岳父提起自己陝西老家的泡饃有多好吃，台灣卻只吃得著牛肉麵，本來賣牛肉麵的陳信全便改弦易轍，以牛羊肉泡饃為銷售主力，在林口長庚醫院附近布置出一個潔淨舒適的空間，以小篆書寫店名的名片與陝西順口溜壁飾，走進陳家烏地方陝西小館，猶如步入古意盎然的文創小鋪。

張羅羊骨湯是做泡饃的第一步，整隻羊分解後，先取剔下的羊骨加花椒、八角、草果熬出濃郁湯底，再加入羊肉續煮。為讓泡饃用的坨坨饃每塊連皮帶肉更富嚼勁，阿全把饃餅擀成較薄的油餅狀，烤前還在餅面打上小洞，讓麵皮的透氣性更好、更易掰開，待吃客將整碗饃餅掰成指甲般大小的塊狀，加上粉絲與羊肉

❶ 肉夾饃。
❷ 鮮蝦韭黃鍋貼。
❸ 撕成小塊的饃餅。
❹ 西紅柿蛋花湯。
❺ 小菜魚香茄子。

湯同煮，熱氣蒸騰、口感十足的羊肉泡饃便上桌了！

三天做一回的白吉饃，和麵、發麵到烤熟得花四小時工夫，夾餡所用的五花肉滷好猶須浸泡於滷汁中入味再壓碎，點食時填入切開的白吉饃，再以L型紙袋包起，像漢堡、三明治一樣，以手托著紙袋裡的肉夾饃吃。

鮮蝦拍成蝦泥，與豬肉韭黃調味拌勻，包入鍋貼麵皮中，先蒸再煎出來的鮮蝦韭黃鍋貼，與坊間鍋貼最大不同點，是一般鍋貼包成開口狀，此處卻是封口狀，咬的時候得當心那飽滿的湯汁一股腦兒湧出，爆漿感十足。

店主做的手工麵，煮熟後加上番茄蛋花湯，色澤美麗的西紅柿雞蛋麵，是泡饃、肉夾饃外的另一選。

小菜酸嗆土豆絲切工細緻、微酸爽口，在店中人氣排行居冠，晚到者經常向隅，涼拌木耳絲秀色可餐，與泡饃格外搭，至於白滷花生，咬著咬著，眼裡浮現的，似是老兵喝著高粱、緬懷故鄉事的動人畫面。

【哪裡吃　鳥地方陝西小館
(03)318-6655　桃園市龜山區復興一路292號】

〇四九・桃園

漢來蔬食台茂館

蔬食・舒食

不喜歡殺魚剖蟹的阿佳，推辭了廚房空出的水台職缺，守著薄薪，情願留在扣墩職務上煲湯蒸菜，跟著師傅學做港點。退伍才入行，起步比人晚，阿佳更努力學習，沒幾年終成技藝精湛的港點大廚。

粵菜名師羅崢接任漢來蔬食的創辦任務，奇妙的緣分，讓阿佳有機會投入港點的無葷腥設計，羅崢師傅強調，坊間充斥具型擬真的雞鴨鵝，不列入蔬食餐廳的菜單，口味盡同的調味與加工品也排除在外。

原籍上海的羅崢早年曾入西餐行，對食物的排盤、口味的協調要求格外嚴格，阿佳幾乎夜不成寐，終於跟羅崢研擬出讓人激賞的菜單。榨菜、豆薯、菜脯、芹菜、大豆蛋白為餡

❶ 上海生煎包。 ❷ 藜麥八寶菜飯。 ❸ 陳醋香椿脆三絲。 ❹ 木桶豆花。

的紅油抄手，除了色豔味濃的花椒紅油，還夾帶著松露調和的味道。

很難想像少了扎實粉紅肉餡的生煎包能有多好吃？鹽醃去水的高麗菜單純地加入筍丁，反倒少了鮮肉生煎包的油膩感，老麵和成的包子皮彈性好，咬下上海生煎包時，每口都分辨得出皮與餡間的獨到處。

模樣有如脆笛酥的陳醋香椿脆三絲，是春捲皮捲上筍絲加金針菇、杏鮑菇的傑作，有義大利巴撒米可醋調味，酥炸出的這一味，伴同生菜沾著胡麻醬吃，有種美食無國界的感覺。

毛豆、豆乾、玉米、玉米筍、松子、青江菜，與藜麥、有機糙米燜煨出的藜麥八寶菜飯，就像大型歌舞劇在砂鍋般的舞台上公演，每一種食材的不同姿容，予人不同的角色震撼。木桶有機豆花做法襲自香江，可愛的小木桶端上桌，以木匙舀出，顫動著告知它滑嫩的程度，淋上熬煮得十分香濃的薑糖漿，口感細緻。無葷的餐點甜點，同樣令人滿足，無肉亦歡。

哪裡吃

漢來蔬食台茂館

(03)312-5222 桃園市蘆竹區南崁路一段112號6樓

〇五〇・台中

巧味膳房

京味、川味、福州味

排行七兄弟老么的小不點，十三歲就被哥哥帶到北京菜館磨練，川菜風行時他又轉學川菜，二十四歲那年，他被新加坡五星級國際酒店集團相中，外聘至海外掌勺。

不想在孩子的成長過程中缺席，小不點決定回國營生，他在台中找了據點，開了屬於自己的店——巧味膳房，把過往外國人都豎起大拇指的手藝，給老家的鄉親嚐嚐。

醬滷是牛腱最常見的吃法，小不點卻把生牛腱直接下鍋，加嫩薑片快炒，冒煙上桌的鍋氣，讓人錯將這道子薑牛腱心誤認成滷過再回鍋的牛腱，卻又說不出它何以比滷牛腱滑嫩。

蒜頭炸香加上先煮再炸的肥腸，會同燙過的綠竹筍以黃豆醬調味，撒上青蒜苗，肥腸脆、竹

❶ 蒜元肥腸。
❷ 川椒石斑魚。
❸ 福州醉鵝。
❹ 絲瓜煎嫩蛋。

筍嫩是蒜元肥腸這道菜的具體寫照。

在新加坡工作期間，與潮州菜大廚交流出醉鵝做法，小不點動了讓醉鵝改頭換面的點子，他把炒過的酸白菜與熬煮過的鴨血，加老酒浸泡過的醉鵝片燴炒，醉香、酸香齊出，與川菜「五更腸旺」組合有些近似的福州醉鵝，鵝片齊整細緻，氣味風味均獨到。

泡椒最能突顯川菜特色，燈籠椒、山椒先分置於高粱酒、高麗菜、芹菜發酵出的泡菜滷汁缸浸泡一個月，再將雞骨、豬頭骨與豬大骨熬成龍鳳湯，把拭乾裹上太白粉的石斑魚，加蔥段、薑片、鹽及兩種泡椒略滾出味，移至墊上客家酸菜的湯鍋，沖上大紅袍跟青袍花椒煉成的花椒油，川椒石斑魚不時散發出香麻煙氣。

將土雞蛋打散炒四分熟，再和爆香的蝦米、絲瓜條燜燒，最後才將黃澄澄的炒蛋回鍋，黃綠相間的絲瓜煎嫩蛋，蛋滑嫩得有如西式早餐歐姆蛋；無湯不歡者，蛤蜊、海參、蝦仁組合的砂鍋芥菜海鮮倒是上選。

哪裡吃｜巧味膳房
(04)2485-3489　台中市大里區大里路200號

〇五一・台中

金悅軒

港式飲茶台中篇

刺蝟造型的炸點。

初次來台工作的阿龍，帶著一幫默契十足的夥伴從香港登機，他準備得很完善，這趟受邀來台中開港式酒樓，燒臘師、點心師、砧板師加上他自己這個爐子師一共六人，每盤菜從切剁、調味到裝盤，務必港味十足。

港廚在北台灣多年，早已創下佳績，阿龍有種身負重任的感覺，初到台中，他無暇去看這城市的每吋風景，每天一早八點開始忙到深夜十二點，隨時穿梭在廚房，打點所有繁瑣事務，確定貨源足、備料無誤才休息。

開張不到半年，金悅軒門庭若市，沒人認識阿龍師，更別提他的夥伴，可是人們卻很清楚，來這裡該點什麼、吃什麼，週週來的主顧甚至茶還沒上就忙不迭地向服務員點泡椒鳳

❶ 泡椒鳳爪。
❷ 龍蝦伊麵。
❸ 叉燒燒肉拼盤。
❹ 黃金魚翅餃。

爪、滷水拼盤、黃金魚翅餃、紅米炒飯……。

醋水汆燙，並以草果、桂皮、香菜加清水煮後浸泡，再以四川泡椒、鮮辣椒、糖水涼置冰鎮的泡椒鳳爪，乍看頗似廣東茶樓的傳統茶點白雲鳳爪（同樣以水燙、煮過涼置），因發酵過的四川泡辣椒提味，更顯爽口。

丁香、八角、桂皮、陳皮、帶皮蒜頭加鴨骨、五花肉，調製潮州滷水不難，難在熬煮滷水的師傅是否能像褓姆帶嬰兒般，成天顧著那鍋需要不斷加料維持濃度的滷水。阿培是老練燒臘師，愛面子的他，永遠讓滷水鵝才掛出就吸引吃客的注意，指名要點滷水拼盤。

冬筍草蝦做成的蝦餃，包時不封口，開口處填上魚翅，再貼上進價不斐的日本金箔，點心師阿樂把港人都未必嚐過的這味黃金魚翅餃，做得貴氣逼人。

主廚將紫米、泰國米分開蒸熟，再回鍋與蛋白、蝦粒、蟹肉、干貝同炒，上桌前撒上炸過的干貝酥，紅米炒飯CP值滿點。

哪裡吃
金悅軒
(04)2255-7942 台中市南屯區公益路二段213號

必點！
豆苗野菇水晶腸粉

〇五二・高雄

地糖仔中式點心專門店

港都的星級茶點

二〇〇四年葉偉志離開當時服務的涵碧樓，受聘至米其林餐飲名店利苑酒家（新加坡分店）服務，在一流廚藝的港廚身邊，他見識到嚴謹的真正定義，海外工作幾年，小葉師傅又受聘回國，在台北君悅飯店任職港點主廚。

精緻港點在台北佔有率極高，在南台灣卻不然，小葉想用自己多年鑽研出的成果帶動南台灣港點水準。二〇一三年的冬季他積極打理著小而美的店面，抱著壯志必酬之心，推出當年利苑一些最受歡迎的點心，等著老饕品評。

柳松菇部分切絲、部分切粒，與黑葉白菜、貢菜炒香為餡，包入水晶粉加澄粉做成的麵皮，三角形的水晶野菇白菜餃，柳松菇的香氣與脆度分明，若非留著胃口給其他美點，真

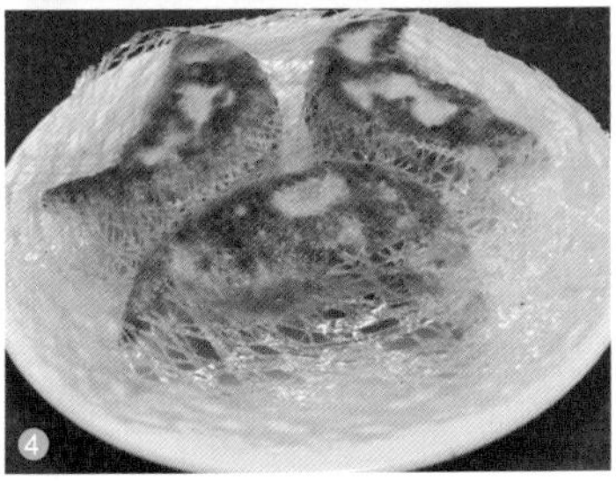

1 蝦餃、水晶野菇白菜餃、魚子醬帶子海鮮餃。
2 勝瓜鑲玉帶環。
3 鎮店乾坤太極露。
4 天網煎上湯鍋貼。

想點上一籠再追加一籠。

去皮切小段的澎湖絲瓜將心挖空，填入剁碎調過味的草蝦仁，再鋪上切片的北海道日本帶子。這絕代雙驕般的蒸點勝瓜鑲玉帶環，讓素來只記得蝦餃的吃客，對鮮蝦做的港點印象煥然一新。

蝦子與帶子只要新鮮，入籠清蒸本就美味，若再點上伊朗魚子醬，豈不更令人期待？兩者包入澄麵皮蒸熟，上桌前加上迷人的黑鑽，魚子醬帶子海鮮餃豪華登場，入口的那刻，與置身五星酒店無異。

台南白河老家的藕粉從小吃到大，藕粉那細緻的口感，小葉比誰都熟悉。藕粉對一般人的價值，不過是沖了水的飲品，對點心大廚小葉來說，卻是做點心最棒的原材。杏鮑菇、香菇加上小豆苗炒好，置於蒸籠中調勻比例的藕粉漿上，蒸好捲起，就是晶瑩剔透、內餡清晰可見的豆苗野菇水晶腸粉，不同於傳統腸粉的是，水晶腸粉不僅口感滑潤，還多了藕粉的清香與柔韌。

哪裡吃

地糖仔中式點心專門店
(07)553-2100 高雄市鼓山區美術南二路132號

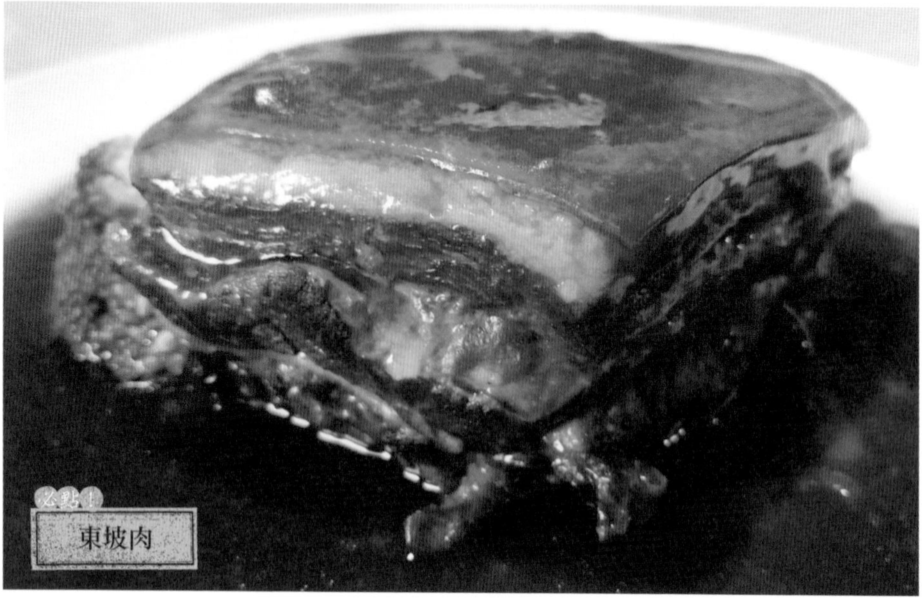

○五三・高雄

祥鈺樓

風靡港都的上海菜

眼見孩子個個完成學業、工作穩定、相繼成家，開餐館逾半世紀的老朱，在家人支持下回到高雄，除了落葉歸根，老驥伏櫪的他還想重啟爐灶。召回當年全心全意挺自己的大廚，找好了亞洲新彎曲捷運三多商圈站旁的地點，祥鈺樓一開就開了十一年。

內場大廚與外場服務員合作無間的默契，是餐廳經營成功的要件，阿民早年在老朱家跟老師傅學藝，朱小開當年照顧吃客無微不至的情景，他不僅看在眼裡也牢記在心底，他深信有老闆的圓融好修養，外場服務他完全無需費心，內場掌勺的他，只要專心出菜，就能穩定客源。

紹酒高湯浸泡十幾小時的豬蹄尖，搭上蘇

❶ 砂鍋醃篤鮮湯。
❷ 醉元寶拼燻魚。
❸ 蔥油餅。
❹ 雞圈肉。
❺ 炸元宵。

式燻魚的拼盤，幾乎是來客必點的前菜；夾著割包一起吃的東坡肉，以話梅、雞骨與滷汁，每鍋一次勢必得做上四、五十個，且一滷就滷足六小時，出鍋的東坡肉皮滑肉嫩，鹹甜適中。

過油後的雞腿、汆燙後蒸熟的豬腸跟炸過走油的五花肉同燒，雞圈肉嚐到的，是三種不同纖維食材的口感。砂鍋醃篤鮮是江浙菜的湯品代表，阿民以比例均勻的蘇打水泡軟百頁，再以活水不斷沖洗，與鮮肉、火腿燒出讓人無法抗拒的味道。

一提到鎮店之寶蔥油餅，老朱清癯的臉頰隨即露出得意之色，店裡一貫賣的是江浙菜，山東籍點心師傅手做的蔥油餅名氣響亮，本地吃客喜愛不意外，甚至有吃客自北京、上海託人把祥鈺樓的蔥油餅外帶至對岸。

芝麻餡的炸元宵跟蔥油餅一樣，是店裡高人氣的甜點，雪白的元宵炸得外皮酥脆、色如黃金，撒上細密如棉的白糖，油香倍顯，即使菜足飯飽，一人一顆還感覺意猶未盡。

哪裡吃
祥鈺樓
(07)332-6788　高雄市苓雅區三多四路85號

上都川菜館

〇五四・宜蘭

必點！

乾煸四季豆

❶ 五更腸旺。
❷ 蔥油餅。
❸ 豆瓣魚。

蘭陽巴蜀味

臉上的瘀青還沒消，仍不由自主往眷村方向走去，阿烽摸著褲袋裡的彈珠，天真地盤算，今天非得把最大的那顆彈珠贏回來，他根本忘了前天跟外省嬰仔打架的事，本來嘛～打架歸打架，彈珠還是要繼續比的。

童年往事如昨，楊政烽在宜蘭開川菜館，轉眼竟達三十幾年，國語字正腔圓、聲音就跟播音員般有磁性的他，每天熟練地為客人點菜，慕名前來嚐鮮的吃客，很難相信這個十足像外省芋仔的老闆，卻是不折不扣的宜蘭在地人。

喜歡川菜的楊政烽，早年經老川菜師傅悉心調教，學到一手川菜工夫，川菜多河鮮，他維持傳統調味，只是改以最新鮮的海蝦、海魚取代河蝦、河魚，讓蘭陽海鮮在麻辣香辛的烹調下，呈現不同風貌。

本來還有五、六家川菜館的宜蘭市，因為老廚師相繼退休，年輕廚師到外地發展，一家

哪裡吃
上都川菜館
(03)932-5388　宜蘭縣宜蘭市復興路一段57號

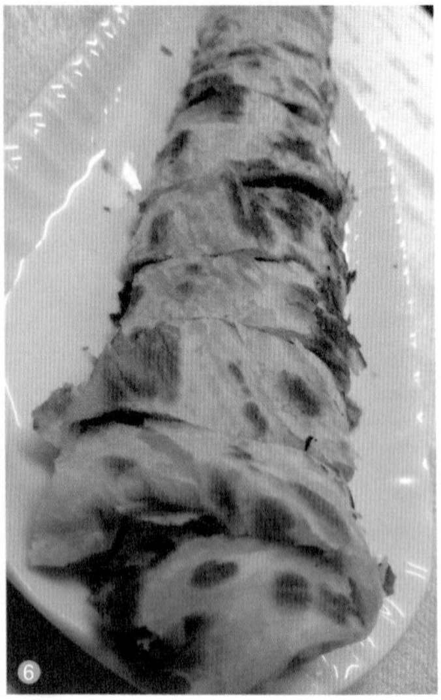

④ 蝦仁炒蛋。
⑤ 生辣椒。
⑥ 大餅捲牛肉。

接著一家歇業，楊政烽的上都小館，成為宜蘭碩果僅存的一家。經營餐館疲累不堪，然而，顧客們不曾停歇的讚美、豐厚的人情味，支撐著他和家人，盡心盡力維持幾十年樹立的商譽。

無需看菜單，蝦仁炒蛋、五更腸旺、乾煸四季豆，早從顧客的嘴裡順口溜般開了出來，熟客們清楚，上都小館店主精於海釣，硼砂蝦哪入得了老闆的眼呢？五更腸旺裡的鴨血，新鮮軟嫩，至於乾煸四季豆更不用說，是大廚耐著性子慢慢煸出來的，除了嫩綠，還散發著清新豆香。

貼心兒子很快把抓餅、蔥油餅跟牛肉捲餅幾道店裡必點麵食學上手，撒上滿滿白芝麻的大張蔥油餅，配上醃漬生辣椒吃特別過癮。坊間難尋、規格幾乎跟擀麵棍等長的牛肉捲餅，內餡捲著的不只是牛肉，還有老闆的率真與豪情。

參

異國多美味

〇五五・台北
Whalen's
薯條裡的經典

加拿大的 Winnipeg 是世界上最冷的城市，也是 Clint 土生土長的家鄉，來台灣當英文老師時遇上同鄉 Alex，長於餐廳廚房內場的 Alex得悉他具備調酒師、外場經理人資歷，力勸他重回本行，一起在異鄉打造一個最具家鄉特色的餐廳。

Poutine 起士醬薯條是加拿大的著名食物，也是讓薯條不僅只是佐番茄醬當零嘴的美味烹調，單是那濃郁的肉醬香，就足以征服追求濃、醇、鮮標準的老饕，除以濃高湯自行調製薯條肉醬外，為更忠於原味，Whalen's 餐廳的兩位老外老闆，堅持只用加拿大進口的薯條淋醬專用粉入味。

炒好洋蔥與蘑菇，再把牛排肉炒散，加

南方嫩豬肉肉醬薯條。

❶ 費城牛肉起士薯條。
❷ Poutine起士醬薯條 。
❸ 費城牛肉堡。

入大量醃漬過的甜椒，配上蘑菇、紅酒、牛肉醬汁與Demi醬（以洋蔥、蘑菇、紅酒、黑胡椒、牛肉醬汁與Demi醬香料熬製），最後撒上瑪芝瑞拉起士的費城牛排堡，起士全然融入牛排肉與醬汁間，讓麵包的滋味大大加分。

墨西哥蛋捲裡的墨式肉醬、墨式辣椒，跟青蔥、酸奶、捷克起士好對味，顛覆人們慣見的蘑菇、番茄、火腿加起士的早餐蛋捲印象，配個啤酒喝，有種做過SPA的暢快。

四分之一牛奶與四分之三雞蛋比例，囊括巧達起士、古達起士、帕達諾起士、瑪芝瑞拉起士的四部曲蛋捲，讓起士癡足以通吃過癮；兩顆水波蛋佐以菠菜、醃燻鮭魚風味的鄉村班尼迪克，選原味優格麥片當附餐，比搭配起士醬薯條清爽。

加拿大人最愛冰上曲棍球，週末週日的Whalen's都看得到轉播，看著刺激有趣的加拿大球賽，吃著加拿大大廚調理的楓葉國度餐，心不想飛也難。

哪裡吃 | Whalen's
(02)2739-3037　台北市大安區安和路二段145號

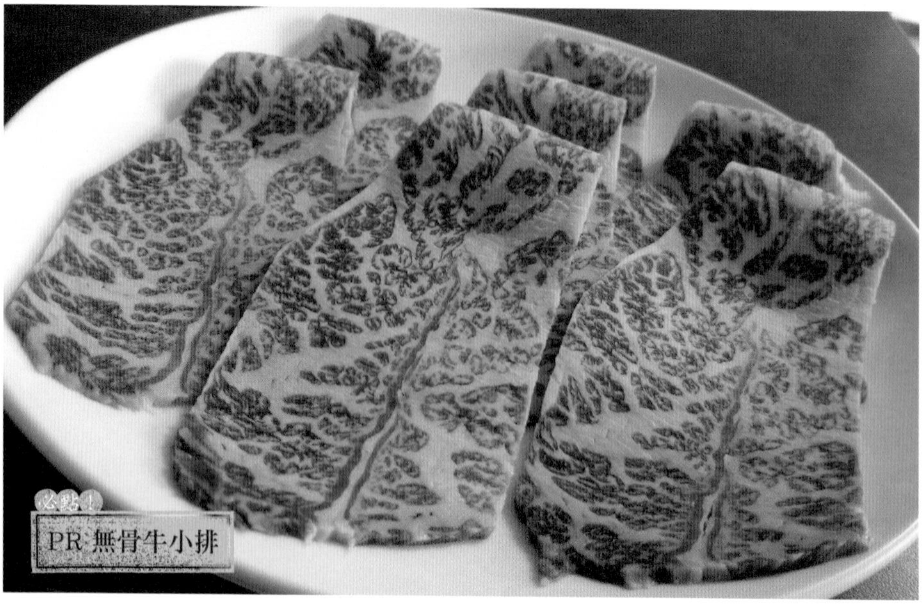

〇五六・台北

卡拉拉日式涮涮鍋

社區邊的涮鍋／烤肉

隨著老公經商酬酢，本就挑嘴的秀翎，從高級鐵板燒主廚口中學到不少辨別食材的技巧，知道得多想學的自然更多，待在家的時候，她乾脆親自演練，照著大廚傳授的口訣熬高湯、醃肉備火鍋料。

手藝備受肯定，另一半乾脆把出外應酬的場地一一改回到家中，慕名前來討涮鍋吃的朋友也越來越多，信心大增的她，突然興起開家庭小火鍋店玩玩的念頭，即使不成功，大不了回復當家庭主婦的生活。

對吃無比重視、素來不儉省的秀翎，採購只考量食材品質，不論菜價如何飆漲，她從不降格以求，火鍋店裡用的食材始終如一，也正因這樣，位處內湖港墘站安靜社區邊的小火鍋

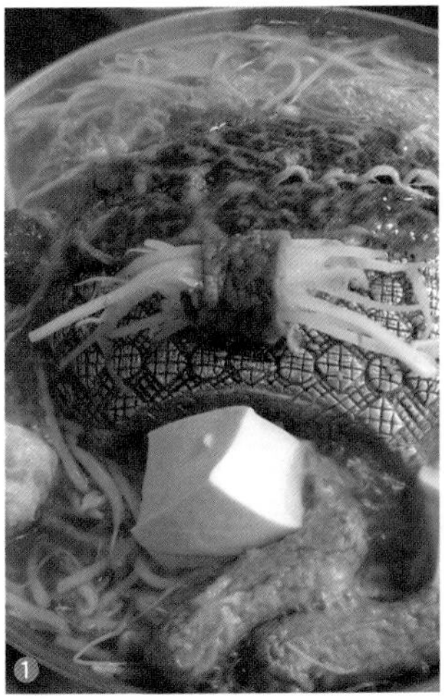

❶ 銅盤烤肉。
❷ 鮮蔬組合。
❸ 黑豬肉梅花肉。

店，總能吸引不少專程遠道前來的饕客。

用日本乾燥昆布、柴魚、鮮蝦、水果、香菇熬相當時間再過濾的高湯湯底，將梨山高麗菜、紅薯、絲瓜、南瓜、秀珍菇等蔬食下鍋，先體驗一下蔬菜浸潤過好湯後的質感，隨後才下冷藏的牛霜降、牛小排，以及溫體豬切下的黑毛豬霜降，或是豬梅花肉，經鮮甜的湯底輕涮，沒有一種肉不鮮美！

雖然菜市場有的是切好的辣椒、蒜末、蘿蔔泥，便利火鍋店家採購，堅持能自己做就絕不省事的秀翎，還是每天不厭其煩地自行洗切各項醬料所需，除了日本昆布熬成的湯底，醬油也要另行調製才能陳列於沾醬檯。

常令上門吃客舉棋不定的銅盤烤肉，也是卡拉拉除了火鍋以外的另一強項，特別從日本訂製的銅鍋，近鍋緣的凹陷處，烤肉時同時水煮綠豆芽，當牛霜降、黑毛豬霜降、牛腹脇肉等烤肉自銅盤烤好時，再把豆芽、和風生菜沙拉一併捲進烤肉裡吃，肉嫩菜爽脆。

哪裡吃

卡拉拉日式涮涮鍋

(02)2791-3584　台北市內湖區成功路四段205號

○五七・台北
芒果樹
台北泰有味

少小走出雲南，再從金三角顛簸來到台灣，阿昌跟著泰國籍廚師，在天母忠誠路的啤酒屋打工，三十年前不過為了糊口做泰國菜的他，萬萬沒想到，泰國菜有一天竟在台灣爆紅。多年歷練，他早已不再是小學徒，每日工作的廚房，更是從餐廳換成了五星級飯店。

五星級飯店的泰國菜廚師，被網羅到精緻的餐廳稀鬆平常；因緣際會，阿昌跟著泰籍大廚，在二〇一六年春天又將共事地點轉往國父紀念館商圈，這次知遇的芒果樹餐廳，老闆不僅本身品味高，還不惜讓大廚使用優於五星級飯店的食材，甚至下了店裡禁用味精的規定。

台東運來的土雞做什麼菜都好吃，以之燒綠咖哩甚至串烤成沙嗲俱是美味；薄片牛肉過

❶ 手工客製月亮蝦餅。
❷ 泰式牡蠣煎蛋。
❸ 泰式炒飯。
❹ 芒果糯米。

油後，加筍絲、蔥段、洋蔥絲、鮮辣椒、泰式辣醬與九層塔爆炒的辣炒牛肉既下酒也下飯。

日本廣島進口的肥碩牡蠣，退冰後過熱水燙至七分熟，像做潮州菜蠔烙般，與銀芽、紅洋蔥絲等微煎一下，入蛋汁包覆，小火煎至皮酥肉嫩，沾著甜雞醬與是拉差醬組合的醬汁吃，泰式牡蠣煎蛋比潮州蠔烙多了南洋風味。

泰國菜餐館的熱門主食多為炒河粉，此處的河粉雖上乘，泰式炒飯卻更值一試，集絞肉、蝦仁、圓茄，魚露、蠔油、醬油融和出的這份炒飯，把泰國菜的甜酸鹹辣一股腦兒全表達盡致。

像吃水餃少不了酸辣湯般，國人吃泰國菜點酸辣蝦湯亦習以為常。產自汶萊的進口藍蝦，拍成泥加白油、蛋清、生粉和成蝦漿，一顆顆滑入雞骨、豬骨、西洋芹、番茄、高麗菜、紅白蘿蔔熬成的高湯滾熟，去蕪存菁後的泰式蝦丸湯，清鮮無比，絲毫不比酸辣蝦湯遜色。

哪裡吃

芒果樹
(02)2711-8112 台北市大安區光復南路240巷31號

〇五八・台北

我的家炭烤/陶鍋

必點！黑豬肉陶鍋

❶ 烤山藥。
❷ 烤沙朗牛肉捲。

家一般的小酒館

國中童子軍最感興趣的，莫過於外出露營跟炊事。在教官指揮下，紮好營的夥伴忙著起火，把備好的食材烤熟，營火晚餐在歡笑聲中開始。

少小童子軍的美好經驗，讓宇文對野營燒烤未能忘懷，他刻意挑了燒烤餐廳的工作，歷經幾年的餐飲實務，他發現自己對這行始終熱衷，家人也肯支持，於是在台北捷運中山國中站附近，經營起屬於自己的炭烤店。

社會大眾的觀感裡，炭烤無疑是重口味的食物，也是喜歡杯中物者最對味的下酒菜，為了做出自己的特色，宇文採購時格外仔細，他希望新鮮食材的口感，剛入口的那一刻，便清晰傳達給上門的吃客。

蔬菜是「烤」驗食材跟燒烤工夫最好的一項，宇文單是針對蔬菜，用的油跟烤的火候、時間便都不同。高山高麗菜本身甜脆，豬油、橄欖油跟苦茶油經試驗過，發現最能表現高麗

哪裡吃
我的家炭烤／陶鍋
(02)2545-2332　台北市松山區復興北路477號

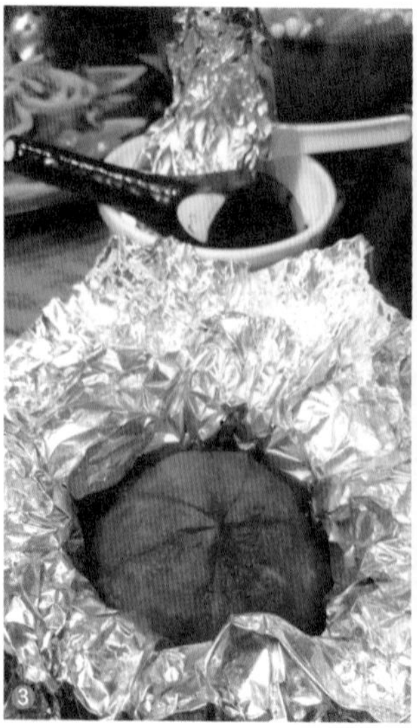

❸ 烤番茄。
❹ 古樸的店景。

菜本色的，非豬油加苦茶油莫屬。

醬油、黑醋、茶油，一層收乾再塗一層，烤高麗菜吸收醬汁後的風味，與生食、炒食或煮食截然不同，讓人吃完一盤還想再續。櫛瓜若以豬油塗烤，清爽口感便消失，苦茶油卻能帶出它的清甜。茭白筍無需用油，烤熟以鹽、胡椒沾食極美。

烤黑柿番茄小小一盅，獨食不分食最是享受，烤山藥遺漏便是遺憾，裹海膽、剝皮辣椒捲成的沙朗牛肉捲，最少也要來上一捲。請豬肉商依自己配方比例灌出的香腸，烤後皮酥肉嫩，高粱酒酒香明顯，烤米腸加香腸是絕佳組合。

台灣黑雪豬肉陶鍋除了薄如棉紙、捲成玫瑰般的五花豬肉外，高冷白菜、黑柿番茄、黑木耳、金針、南瓜、玉米、蓮藕，以及濃醇的白湯湯底，把小小一鍋火鍋鋪排得熱鬧非凡！

〇五九・台北
晶華ROBIN'S鐵板燒
必點！
蘆筍明蝦北海道干貝

❶ 香煎頂級美國肋眼牛佐蒜味醬。
❷ 法式洋蔥湯。

鐵板上的春膳

辭去公務員枯燥的工作、轉戰餐飲業的春生從小學徒起步，睡夢都囈語著師傅的叮囑：「協力運作雙手，確切掌握鐵板溫度跟不同食材所需的熟度，就是顧客認可的味道！」

從東區最著名的鐵板燒餐廳，一路到五星級酒店，春生師傅始終保持初心，全球最經典的食材在他手上成為佳餚，為他贏得讚美推崇，他卻跟什麼都沒有發生般，依然謙卑，專注於季節菜單的規劃及設計。

鐵板燒在人們眼裡，無非是煎、蓋、悶、炒，三兩下便完成的食物，再簡單不過，一般人無從理解簡單烹調的背後，其實還有許多繁複的準備工夫。春天更替冬藏後，海鮮、牛肉在吃法上也該換季了。

粉嫩的螢烏賊，拆開後頭部以蛋汁炸香，身軀以香料醃入味，蒸過取出入袋隔水冰鎮，食用前再以鐵板煎至最佳口感。反覆噴上薑汁醬油與紅酒醋調味的鮮魚，刷上白粥泥並沾黏

❸ 明蝦干貝佐蜂蜜芥末醬。
❹ 會跳舞的炒飯。
❺ 全神貫注於桌前烹調的主廚。

日本米果，酥煎嫩魚就像春雷，陣陣在口腔裡爆出驚奇。

春江水暖鴨先知，春膳豈能無鴨？煎過的洋蔥與鮮鴨，傾入去毛烤過的光鴨所熬製的鴨高湯慢煮，上桌前還別出心裁地加入滷透、油炸、風乾的鴨舌，法國菜概念與中式創意結合的鴨肉清湯，褐金色的湯汁溢散著陣陣鴨香。

牛肉永遠是鐵板燒的重頭戲，不論是美國頂級Prime、澳洲和牛中的極致「射」抑或9＋，春生師傅跟他的夥伴們都能將之處理至熟度到位。好牛肉兩面均勻煎十五秒後靜置，休息令纖維緊縮，十至十五分鐘後二次回煎，甜汁丁點不漏地鎖住，面焦脆、裡鮮嫩的上肉，細細咀嚼，那岩漿般爆出的濃郁肉汁，豐潤了味蕾。

哪裡吃
晶華ROBIN'S鐵板燒
(02)2523-8000轉3930　台北市中山區中山北路二段39巷3號2樓

〇六〇・台北

越廚餐廳

開胃越南味

在友人強力推薦的越南餐館排隊一小時才吃上飯，滿意的滋味讓焦糖絲毫不以苦等為意，結束法國的旅行回到主持崗位，那甜甜酸酸的味道總是揮之不去。住家邊的越籍外配家眷，得悉他想開越南菜餐廳，紛紛力表支持，越廚餐廳就在這樣的情況下打造了出來。

士林夜市後方近河岸的地方看似寧靜，卻仍吸引著嗅覺敏銳的聞香逐味客，越式牛腩沾跟椰漿咖哩雞是老饕首選，滾水燙過的牛肋條肥油剔除得很乾淨，以香茅、牛番茄、紫白洋蔥炒香，倒入牛肉高湯文火燜燉，搭著質感細膩的軟法麵包吃尤其鮮美。

不論主食選的是米飯或是麵包，碰上用炒過雞肉加椰奶高湯燒煮出的椰漿咖哩雞都

❶ 越式煎餅。
❷ 越南麵包。
❸ 鳳梨酸子凍飲。
❹ 越式牛腩。

對味；色澤跟咖哩雞一般鮮豔的越式煎餅，是相當養生的餐點，構成它美豔色澤的主要成分非色素，而是來自薑黃與雞蛋，調和好的煎餅麵糊自鍋中煎熟，切開後的內餡，是豬肉、蝦仁、綠豆芽跟洋地瓜炒出的組合。

大甲芋頭刨絲，與豬絞肉調好味，須以相當斯文細膩的技法，方能將肉餡完整包入絲網狀的越式春捲皮，越式炸春捲經過油炸，晶瑩閃亮的外觀，讓人食慾倍增，以生菜葉包裹著吃，丁點不覺得油膩。

多數人對越南咖啡的印象不深，其實越南咖啡的風味極有特色，尤其台灣夏日的氣溫與越南相近，此時來杯煉奶沖製的越南冰咖啡，頓感清涼，嗜酸者亦可體驗一下酸子（羅望子）與鳳梨調和出的鳳梨酸子凍飲。

即使飽足卻意猶未盡，烤豬里脊肉與越南火腿加酸甜泡菜為餡的越南麵包，是外帶不二之選。堅持所有菜色不加味精調味，菜餚卻平價親民，在物價飛漲的此際，讓吃客感到格外溫馨。

哪裡吃

越廚餐廳

(02)2883-0347　台北市士林區前港街17號

必點！
日式雞肉鍋

〇六一・台北 博多華味鳥

東瀛雞肉鍋

九州是日本美食重鎮，其中福岡市博多區的水炊鍋尤負盛名。外地人往博多觀光，多只知博多拉麵，細做行前功課，便知雞肉料理是博多人引以自傲的食物，以自養雞肉熬湯烹煮出的土雞水炊鍋，更是認識博多飲食風貌的必嚐之味。

博多水炊鍋名店華味鳥在日本東京、大阪、名古屋等大城市成功展店後，還在中國最愛火鍋的東北大連開了海外店，兩年多前又來到台北，在東區市民大道與忠孝復興捷運站間開了台灣分店，基於日本雞肉無法進口，該店從台中雞場尋找出與日本博多品種近似的雞種，做為雞肉火鍋的重點食材。

既是福岡傳統吃食，自有傳統進餐程序，

❶ 明太子玉子燒。 ❷ 下雞肉丸子。 ❸ 炸軟骨。 ❹ 特製醬汁雞肉丸。

著和服的侍者秀氣優雅地將雞湯原湯湯汁，盛入加了鹽與蔥花的陶杯中，先請吃客品嚐濃醇雞湯的原汁原味，再將鍋中的腿肉肉塊夾入碟中，以柚子胡椒或柑橘醋沾食。

侍者陸續將圓似鴿子蛋的雞肉丸子、雞內臟下鍋，此際其實可先行點些沙拉、炸雞、炸雞軟骨，或是照燒醬風味的醬汁雞肉丸，以填補空等料熟的無聊。調味與裹粉處理合宜，讓炸雞與炸雞軟骨這樣的小食相當可口。

吃完雞肉丸子與雞內臟，青蔬野菜、日式粉絲一併下鍋，因為特別加了雞凍膠原蛋白，燙過的青蔬野菜、菇蕈豆腐備感鮮甜，鍋中之物食盡，改由加蛋的雜炊主食上場，顆顆完整飽滿的湯飯，看得到使用白米的精選品質。

熱呼呼的雞肉火鍋下肚，已是讓人一身溫暖，最為有趣的畫面此際接棒，長形木製容器在侍者嫻熟的技巧下，推出一截截的涼粉寒天，不僅質地透明，口感也透心涼，沾上黑蜜與黃粉吃，回味度不在手續繁複的火鍋之下。

【哪裡吃 博多華味鳥
(02)2771-1882 台北市大安區忠孝東路三段217巷3弄2號】

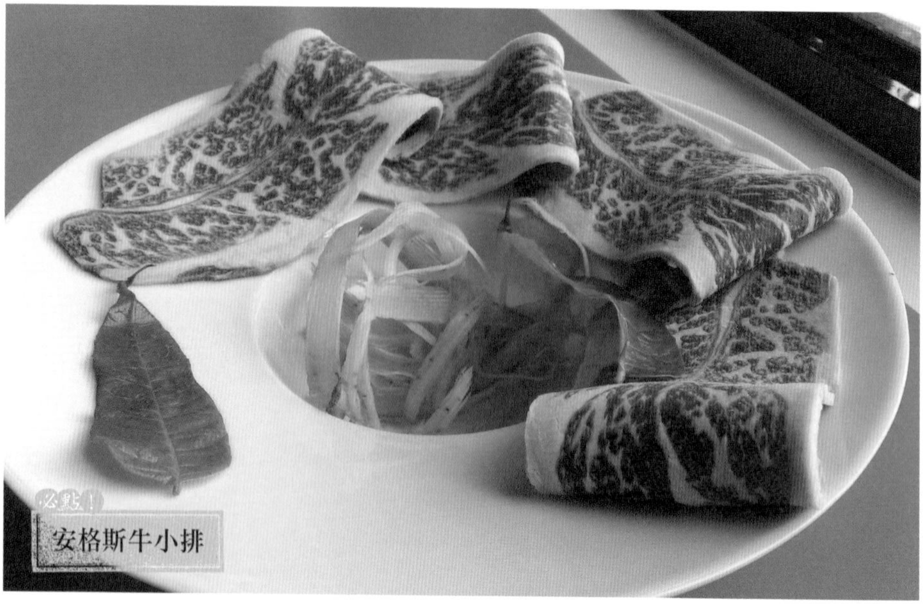

〇六二・台北

綠水棧

湯清也鮮的火鍋

即使沒有捷運東門站的便捷送達，旅行台灣的觀光客參觀過故宮，旅行標的中往往也會備註永康街，著名的小籠包店、芒果冰鋪，還有小隱巷弄的小吃茶舍咖啡店，永康街總讓人樂於駐足。

擴大永康商圈地緣，與永康街垂直的金華街、對面的連雲街，甚至外圍的新生南路都有寶可尋，站在大安森林公園，Ben想著哪個方位可以讓他的火鍋店在品嚐美味的同時亦可端凝美景——最後他終於找到靜謐安適的據點。

到上海添置歐洲人屬意的雅緻餐具，Ben希望品味之士看到他在氛圍鋪陳上的心意，小而美的綠水棧一樓供應握壽司，二樓則是海鮮鍋物、牛肉鍋物的用餐所在。

❶ 冷藏Prime肋眼牛。 ❷ 活白蝦、北海道干貝、有機蔬菜盤。
❸ 野生石斑。 ❹ 日式五穀飯雜炊。

每天用上十來斤蛤蜊與北海道昆布、柴魚片熬製海鮮鍋鍋底，綠水棧海鮮清湯浸過的食材，飽含順口天然的清甜味。牛肉高湯則以雞骨、牛骨加番茄、蘋果、洋蔥、西洋芹、玉米、甘蔗頭等十四樣食材細火熬製。

海鮮鍋的前菜為薄切生魚片，不吃生魚者，可以火鍋湯淋在碗中的魚片上，讓魚片浸熟再吃。日式水果醋適宜海鮮、蔬菜沾食，三杯醋沾食青蟳專用，胡麻醬則專用於牛肉鍋沾食牛肉。海鮮鍋分四碟順序上菜，頭盤為干貝與白蝦，二盤是口感極鮮的野生石斑魚片，其次是九孔鮑或大生蠔，最後則上青蟳。土雞蛋打入鍋中熟時撈起，搭著五穀飯吃，極簡卻風味特濃。

僅挑牛小排與沙朗肉的牛肉鍋，安格斯牛小排先將整塊肉呈上，讓顧客清晰地審核肉質，待獲得認可才切片供食，是綠水棧牛肉鍋自信的上菜方式。甜點所附的拿鐵海咖啡為一般咖啡杯的兩倍容量，酗咖啡的海量吃客，得以名副其實地享受店家的海派飲品。

哪裡吃

綠水棧

(02)2341-5800 台北市中正區新生南路一段168-8號

必點！米香干貝煮物

〇六三・台北

蓮波葉料亭

淋漓盡致的職人料理

輕輕托起手中的魚，正面反面觸摸，旋即放回魚攤，看著丈夫熟練的動作，凌波不解地問道，這條魚的眼睛透亮、鰓也色澤漂亮，為什麼不買下牠？「在甲板上掙扎的時候，牠不慎受傷，血早已滲入肉中，不適合做生魚片了！」

追隨五星級飯店嚴謹的日籍師傅習藝，自立門戶後的蔡威仰，延續自己在飯店工作的標準規格，悉心採買及烹製日本料理，由餐廳同事成為妻子的凌波，不放棄任何一個洞察食材的機會，從身為職人師傅的夫婿身上，充實自己外場經理人的專業素養。

天母大葉高島屋對巷，低調經營二十一年的蓮波葉料亭，是饕客寧捨市區方便，甘於一

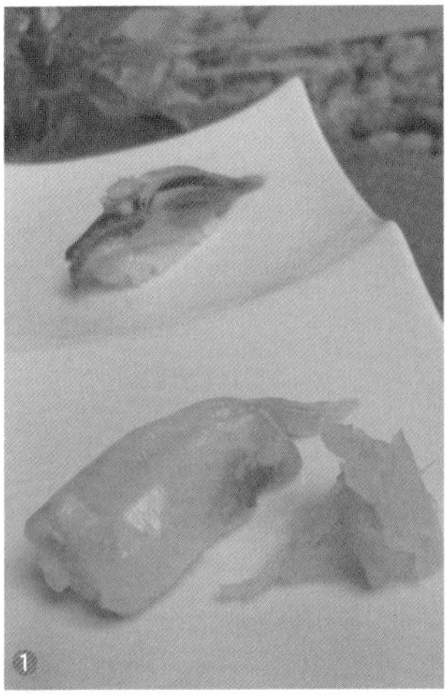

❶ 季節鮮魚握壽司。 ❷ 米茄子田樂燒。 ❸ 漬物大根。

嚐地道和食的秘境，除了國內魚港，店主阿仰師每每在不同的季節，都要親赴東瀛，往返築地市場精挑魚貨，以及其他旬料理不可或缺的食材。

野生竹筴魚千載難逢，採購得到絕不遲疑，加上紫蘇、茗荷、蔥花與少許醬油，便是開胃的參魚細切拌紫蘇。秋刀魚、沙丁魚濃香，捏製出的握壽司，搭著柚子調味的漬物大根，讓人百吃不厭。

走懷石風的料亭，生食上乘無庸置疑，熟食自也不能含糊，進口茄子先以高溫油炸，至切口不吸油的程度，再塗上有顆粒口感的味噌，加上雞腿肉末，米茄子田樂燒把茄子的細膩口感，烘托得淋漓盡致。

紫蘇葉、比目魚，一層一層以米飯捲入定型，再炸至表層金黃，隨些微薄湯汁上菜，這米香干貝煮物，油炸火候到位，酥香軟嫩口感兼具，最難得之處，是除了沒有半絲油氣外，製程未添加半點黏粉，每咬下一口，未入口的部分，竟依然型美而完整不散。

哪裡吃

蓮波葉料亭

(02)2873-7082　台北市士林區忠誠路二段98巷6弄2號

〇六四・台北

璞膳日式鍋物

鮮甜美味壽喜燒

元朝士兵止戈時，以卸下的軍帽代鍋炊食；無巧不成書，日本農民的早期生活中，亦以犁田工具鋤頭之鑄鐵加熱食物，鋤燒的鑄鐵日後演進成略有深度的容器，以之燒煮出的鍋物稱為壽喜燒。

壽喜燒的吃法因關東、關西而不同，關西人習將牛肉先置鐵鍋中乾煎熟，淋上醬汁入味，再以生蛋汁沾食，吃過牛肉再加入蔬菜、豆腐、菇類等素材與牛肉一起進食。關東人則是所有素材排列整齊，以醬汁高湯煮食。

台北敦化商圈有家日式鍋物專賣店璞膳，果然印證「膳如璞玉、簡烹即美」的寓意，主廚以牛肉本身所出的牛油，爆香洋蔥絲及牛蒡絲，續入柴魚、昆布、味醂、柚子汁、無鹽醬

❶ 鮮墨魚漿與花枝漿。 ❷ 爽口前菜。 ❸ 上等牛肉片。 ❹ 海鮮備料。

油熬成的高湯，再將牛肉與蔬菜等多樣食材置入壽喜燒鍋沸煮。

坊間的壽喜鍋店多備有清水與醬油，供吃客隨鍋物的沸煮過程，自行調整鹹淡，使用無鹽醬油調味及甜度的精準拿捏，讓璞膳的和牛壽喜燒不死甜、不過鹹，桌上無需另備調味，任何食材在醬汁的浸潤下，入口甘鮮。

以鍋中牛小排肉沾些低鈉黑鹽，再以毫無生腥味的有機蛋蛋汁裹覆，醬汁與上肉的纖維在咀嚼中緩緩釋出，日本進口的牛奶玉米，未入鍋前取個直接生吃，飽滿的汁液自齒縫滑入舌間，鮮美更勝水梨。

韓式泡菜為餡的手打泡菜丸，微酸微辛好開胃，溫體豬肉漿與芋頭結合成的手打芋頭丸，即使經過加工，仍嚐得出好質地。傳統的日本壽喜燒本無台式鍋物，泡菜丸、芋頭丸的加入，讓轉型鍋物更添風味。不僅於此，吃客現場ＤＩＹ的鮮墨魚漿與花枝漿，成型後入口，浸潤過壽喜燒醬汁的氣味，亦不同於一般火鍋口感。

哪裡吃

璞膳日式鍋物
(02)8978-1716 台北市大安區敦化南路二段81巷29號

〇六五・台北

饗客越南小吃店

淡雅豐富人氣高

與泰國同樣習於用魚露、辣椒、檸檬、檸檬葉、羅望子調味，廣泛使用米製加工品的越南菜，與泰國菜的不同點，在於越南菜菜式中，諸多加入新鮮生菜，甚至以生菜包裹熟食來吃，越南菜酸度柔和偏甜辣，不似泰國菜酸辣夠勁。

回越南省親的阿姮僅以十天工夫，記下母親所授的越南米食訣竅，回婆家的路上，浮現在她腦裡的，全是炸春捲、生春捲的製作畫面，在台北四平商圈的小吃必爭之地，阿姮與丈夫阿璋打理出雅潔空間，專心賣越南米食。

沾濕的米皮逐一鋪上廣東生菜、煮熟涼置的越南米粉、洋蔥炒豬肉，捲至邊緣時，再排上翠綠的韭菜與鮮蝦仁。未嫁時連白粥都能煮

❶ 生牛肉河粉。
❷ 泰式酸辣海鮮河粉。
❸ 越南生春捲。
❹ 乾拌豬肉米粉。

焦的阿姮，捲出的越式生春捲飽滿漂亮，以糖水、檸檬加魚露調成的魚露醬汁沾食，無比清爽。

不同於中式春捲的餅皮以麵粉製成，越式炸春捲的餅皮是以細米粉經機器平整壓成，芋頭、紅蘿蔔切絲蒸熟後，與剁細的蝦仁、熟絞肉調味，捲入網狀的米粉皮定型再油炸，用生菜、九層塔捲起，沾著魚露醬汁吃，炸過的米皮咬開時，伴隨著生蔬香氣，絲毫不感油膩。

把綠豆芽、紅蘿蔔、生菜、薄荷葉、九層塔、小黃瓜絲、花生碎粒鋪在燙熟的米粉上，加上洋蔥炒肉片，並淋上酸甜醬汁，乾拌豬肉米粉口感豐富，是饗客越南小吃店裡的人氣小吃。

走遍全球，有越南小吃的地方總少不了生牛肉河粉，以牛骨、牛腱熬湯，同樣布滿生菜香的這一味，肉鮮湯清。米粉也好河粉也罷，高湯永遠是風味成敗的關鍵，以豬骨加雞骨熬高湯做成的豬肉河粉，無庸置疑，正足以考驗越南米食的業者，工夫下了多少。

【哪裡吃 饗客越南小吃店
(02)2502-0169 台北市中山區四平街79號】

〇六六・新北
4F小飯館
必點！
日本鮭魚卵佐燻鮭魚義大利麵

❶ 爐烤櫻桃鴨胸佐蒜味辣椒義大利麵。

❷ 黑松露牛肝菌燉飯襯水波蛋。

❸ 義大利傳統章魚燉飯搭嫩煎干貝。

小飯館，大驚奇

面對翻騰而起的浪潮，Jacky全神貫注，控制好全身的平衡追浪。

餐廳休息時，Jacky常藉衝浪舒活筋骨，同時減緩壓力，強調自己的餐廳「用良心食物換取吃客的血汗錢」，他更要讓健康保持在最佳狀態，才能每天精神抖擻地進出廚房，做菜給信任他手藝的人。

全神貫注盯著眼前那塊紐西蘭小犢牛排，經過整夜醃漬入味，Jacky只要掌控好火候，烤好的紐西蘭小犢牛排就能讓熟客吃得笑瞇了眼，伊比利老饕豬也是，這樣質地頂尖的豬肉，對技藝純熟的Jacky而言，要做得好吃自非難事。

米粒粒粒分明，熟度、濕潤度適中，是義式燉飯美味的不二法門，飯的主體結構好，再配上產季當令海鮮，口感自然相乘，就像義大利傳統章魚燉飯搭嫩煎干貝般，讓人三兩下就能把整碟飯吃到盤底朝天。

哪裡吃

4F小飯館

(02)2621-8893　新北市淡水區重建街71號

❹ 森林莓果塔。 ❺ 4F餐廳的主廚Jacky。 ❻ 草莓大黃根新鮮果汁。

牛肝菌入菜已很美味，再加上黑松露醬，光想像就讓人忍不住吞口水，４Ｆ的黑松露牛肝菌燉飯襯水波蛋，先吃一口原味，再將極嫩的蛋戳破，任蛋黃流至燉飯間，蛋黃本來就用以考驗松露風味，混著蛋黃香的牛肝菌松露燉飯無異極品。

台灣人特別喜歡吃鮭魚，燻鮭魚、鮭魚卵加青醬麵組合的日本鮭魚卵佐燻鮭魚義大利麵，有和風洋膳的觀感。義大利麵先以爆香的大蒜、辣椒、橄欖油簡單調味，加上爐烤櫻桃鴨胸，才端上桌，爐烤櫻桃鴨胸佐蒜味辣椒義麵便香氣逼人。

前身便是專業歐式烘焙坊的４Ｆ，甜點自然不含糊，以杏仁奶油與莓果為餡的森林莓果塔，配拿鐵咖啡最好；榛果生巧克力塔則是各種飲料百搭，想來點特別的，色澤紅豔的草莓大黃根新鮮果汁，讓餐後心情更愉悅。

〇六七・新北

Tapas-J

必點！

西班牙燉蔬菜

❶ 加利西亞烤章魚。
❷ 加泰隆尼亞烤大蔥佐番茄堅果辣醬。
❸ 西班牙龍蝦海鮮飯。
❹ 伊比利培根豬燉蛋。

溪邊的西班牙菜

一家人在店裡聚餐，笑聲不時傳進Jackie耳中，他突然有股心酸的感覺，女兒們這時不也同樣期盼著爸爸在身邊？開在都會裡的餐廳生意雖好，卻也讓自己與家人鮮少共處。

想起自己在西班牙考察時，很多大廚的餐廳都開在鄉間，做菜之餘可以觀景，可以陪家人嬉戲。不想徒然只是羨慕，他決定有捨有得，換個生活方式，在戶外尋找半年，他的Tapas-J 西班牙餐廳終於在新烏路整裝完備。

離新店捷運站只有一．二公里的新店，本來只接固定預訂客，未料舊雨紛紛回籠，健走騎小摺的新知也來叩門，新店溪邊的這家異國風情餐廳，成了新店烏來往來間的特殊地標。

乳酪胡桃沙拉用西班牙極具代表性的蒙契格乳酪（Manchego）搭配時令生菜，佐以蜂蜜芥末醬加烤核桃調成的沙拉醬，堅果的香氣讓這道沙拉格外開胃。二月的台灣大蔥味美，以番茄堅果辣醬沾食的加泰隆尼亞傳統菜烤大

⑤ 自製伊比利豬培根。
⑥ 油煎墨西哥辣椒。

蔥，熱氣下的粗蔥香氣最是濃郁。

加利西亞烤章魚是西班牙西北地區名菜，該區的人們偏愛豬油且少以蒜頭入菜，Jackie 覺得氣候不同的地方可因地制宜，便將洋蔥加白酒煮熟的章魚，以巴西利汁燉煮後用蒜瓣加橄欖油煉出的蒜油調味，搭配馬鈴薯泥來吃。

「料理鼠王」一片中，天才小廚師徹底瓦解食評家冷漠的那道傳統老菜法式雜菜燉，其實也有西班牙版本，Tapas-J 的西班牙燉蔬菜以南瓜為基底，與油炸過的茄子、烤過的紅甜椒與櫛瓜、青椒同燉，鋪在烤過的棍子麵包片上吃，根莖類與非根莖類蔬食的交錯相融，是一種無肉亦歡的菜根香。

哪裡吃
Tapas-J
(02)2217-8282　新北市新店區新烏路一段5號

〇六八・桃園

GREEN HOUSE

必點！

番茄牛肚燉飯

❶ 獵人燉雞。 ❷ 胡蘿蔔湯。 ❸ 提拉米蘇。

多重氣味烘托出的美好食光

對美的事物特別有感覺，阿志求學時選擇了美工設計，結業後踏入服裝設計領域，有天他突然想到，延續生命最重要的食物，不是也可以透過自己的雙手來呈現美感嗎？考進餐飲專業學校，圓一個廚師夢，成為他的下個目標。在西餐廳廚房工作多年，總覺得西餐在處理魚類的表現有限。放下穩定的收入，阿志進入知名日本料理店，摸索日本師傅處理魚的技巧，這段工作週期，他深入認識了一百種魚，更掌握了日本師傅調理魚生的專業技巧。

重新回到西餐領域，阿志在距桃園機場最近的 GREEN HOUSE 餐廳，按當季食材細心地開菜單。好沙拉是西餐廳最基本的前菜，初榨橄欖油加新鮮橙汁、檸檬汁、橙皮、檸檬皮、洋蔥絲、蒜片浸泡一夜過濾，再加白酒醋、義大利海鹽做出柑橘油醋，拌季節沙拉最美。至於白豆、臘腸、風乾番茄做的辣香腸番茄白豆貓耳麵，讓人吃了有高呼 Bravo 的衝

哪裡吃

GREEN HOUSE

(03)321-0197　桃園市蘆竹區南福街103號

❹ 辣香腸番茄白豆貓耳麵。
❺ 義式水煮魚。

動。

不論湯品、沙拉、燉飯、貓耳朵還是義大利麵，唯恐吃客喪失新鮮感，勤奮的主廚定期更換菜單。他還喜歡在醬料中加些新鮮果皮與果汁，讓食物多些自然的甘甜味。

像聽來尋常的胡蘿蔔湯，將胡蘿蔔、洋蔥分別炒至焦化後，再加柳橙皮與柳橙汁熬煮，起鍋前還會添加胡椒與咖哩，多重氣味的層次，讓胡蘿蔔湯跳脫一般想像的風味。

煎過的黑格魚，加上蒜頭、酸豆、鯷魚、乾番茄、鮮番茄，以白酒、茴香酒燒入味，義式水煮魚不僅滋味鮮美，賣相亦美。主廚自漬醃菜加番茄燉出的牛肚，取出切條，熬牛肚用的高湯煮成燉飯，番茄牛肚燉飯的魅力，絲毫不遜大塊牛排。

浸過奶酒、白蘭地、卡魯哇酒跟義式咖啡的手指餅乾，酒香四溢，覆上蘭姆酒、君度橙酒、橙皮與馬芝卡彭起士，以及滿是可可粉與巧克力脆片的甜點提拉米蘇，令人陶醉，也為之傾倒。

〇六九・台中

Tapas-Bar

必點1

西班牙小食

鵪鶉蛋火腿麵包小食組。

Hola!西班牙

見面總不忘以「Hola!」問好、打招呼的西班牙人，對於歡宴中沒有立刻喝完的紅酒，聰明地設計出延續風味的最好方法，先把水果切丁，加進紅葡萄酒中，再對上果汁以及氣泡礦泉水，調成色澤腥紅如血的Sangria。

Sangria酒名不變，配方卻可隨區域更動。台中Tapas-Bar便調得極好，調酒師先將蘋果、柳橙、洋梨等水果打成泥，再加入橙酒、氣泡水以及切丁水果粒，啜飲時，鮮果的果香，自舌間一鼓作氣傳向鼻咽。

西班牙酒食反映出拉丁人熱情奔放的一面，搭酒的小食隨便端出一盤，都能讓人未飲先醉，以南方塞維亞的小品鵪鶉蛋火腿麵包為例，迷你荷包蛋與伊比利火腿並列於麵包上，黃白紅三色鮮豔奪目。

除了鵪鶉蛋火腿麵包，以紅椒、青椒、洋蔥、番茄、大蒜粒加橄欖油拌成鮮蝦比比娜娜醬，俄羅斯沙拉鑲櫻桃小番茄、舌椒鯷魚蛋麵

❶ 香蒜辣椒蝦。

❷ 黃金巧克力雞肝球vs.甜椒球凍。

❸ Sangria酒。

包與新鮮無花果，道道都像給童話故事主角吃的小食，細緻、精采。

黃甜椒煮湯，以模型冷凍成甜椒球，搭配任何一樣小點，都是養眼絕配。取材自不打抗生素跟荷爾蒙雞的雞肝，沒有一般禽類肝臟所具的苦味，Tapas-Bar的主廚以法式鵝肝醬手法做出雞肝，裹上西班牙的巧克力，就是歐洲吃法最時尚的黃金巧克力雞肝球，難以想像的，是苦甜巧克力與鹹香肝醬在口中融合後，才發現那是多麼相襯的組合。

新鮮食材通常無需過度調味，這是最簡單的道理，也正符合香蒜辣椒蝦這道菜，只要時令對，上好的白蝦僅以橄欖油、大蒜、乾辣椒爆香，鹽、酒調味皆可省略，簡單幾下翻炒後，便是下酒好菜。

哪裡吃

Tapas-Bar

(04)2259-9829　台中市西屯區市政路581-1號

班比納・鄉村・居

〇七〇・台中

❶ 牛小排。 ❷ 法國春雞。

貴氣的山中傳奇

台中市太平區是枇杷的重要產區，九二一大地震時，許多果農的土角厝不幸震塌，在台北做室內設計的文卿，老家便在其中。看著年邁雙親為了災變後果愁苦不堪，他決定返鄉，以自己的專長為父母重建家園。

枇杷是嬌嫩無比的水果，稍一疏失便會留下撞傷痕跡，加上種植採收幫工難尋，是否繼續經營家裡的枇杷園，頓時成為全家家庭會議重點，九二一重建計畫的受災戶貸款，適時給了文卿新的創業方向，何不在寧靜的山區開家花園餐廳？

一磚一瓦一石、一花一草一木，全不假他人之手，既是設計師又兼建築工的他，花了好長的時間，終於像西方人蓋自己的家一樣，把心中的夢想屋搭建完成，為了節省開銷，他遍尋樹種，把小樹苗植為大樹，如同守護神般，坐落在房舍周圍。

找最好的大廚學菜，採買品質一流的麵

【哪裡吃】班比納・鄉村・居
(04)2275-2837 台中市太平區長龍路二段南國巷161號

❸ 羊小排。 ❹ 海鮮濃湯。 ❺ 馬卡龍。

包、調味料與食材，讓文卿的預訂制私宅餐廳班比納・鄉村・居在網路上日漸傳出口碑，起初不看好餐廳願景的左鄰右舍，這才相信鄰家厝邊少年仔的堅定毅力，終於讓過路客變成顧客。一人主廚一人外場服務的班比納・鄉村・居，由文卿夫妻倆辛勤地護持著，每道菜上桌，總博得顧客不可思議的讚嘆，若非親眼所見，實在令人無法相信，這是台中鄉下、山中僻徑嚐到的美饌！

起士、鮮奶油、培根夾餡的迷迭香麵包，皮與餡的整體口感精彩，是整套菜的出菜前奏，吃過沙拉、喝完濃湯，以義大利香料醃漬達十二小時的法國春雞，於上菜前一小時填入起士、洋芋與大蝦仁，燜烤四十分鐘漂亮上桌，香氣、鮮度、嫩度皆具。

主菜後的甜點檸檬派，在橙皮美美排列下出場，不僅賣相誘人，貴氣亦不在主菜之下，搭著香濃咖啡，眺望動人景色的窗外，似在人間仙境。意猶未盡、不捨離去之際，尚可利用壁爐烤串棉花糖，無比愜意。

〇七一・台中

鹽之華

必點！

落葉蘋果塔佐香草冰淇淋

❶ 香草北海道干貝佐北非小米。
❷ 嫩烤西班牙伊比利豬佐芥末籽醬與時蔬。
❸ 法國高級手工奶油。

女主廚上菜

在只有一個女廚的西餐廚房，黎俞君成了所有男同事揶揄消遣的對象，她不反彈也不回應，而是把家搬到台北天母外國人群居的所在，她奮力學習，增進自己的會話能力，終以流利的英文通過外籍主管甄試，成為台灣最早進入五星級飯店的西餐女廚師。

先後到義大利、法國的廚藝學院深造，廚房裡所有吃重的工作，全然難不倒這個東方女孩，她刻苦耐勞的堅毅，連洋人大廚也折服，對菜餚的領悟與研創，甚至在男性廚師之上。

為了照顧祖母，從台北折返中部，她開了自己的餐廳，許多洋行接待外籍客戶，都將鹽之華法國菜餐廳列為首選。從優質的手工奶油到正統歐式麵包，黎俞君絲毫不馬虎，依著季節組合食材。

切成丁的有機枇杷、奇異果與柳橙，鑲入珠寶盒般的掏空枇杷中，淋上水果醬汁，繞上刨成薄片、晶瑩透亮如彩帶的白蘆筍，春季白

❹ 春季白蘆筍佐枇杷水果沙拉。 ❺ 松露桂丁雞肉凍。 ❻ 季節蔬菜濃湯與時令彩蔬。

蘆筍佐枇杷水果沙拉，就像一份珍貴的禮物。

Cous 是北非人的主食，在歐洲也廣受歡迎，台灣卻少見，即使吃得著也多屬顆粒如小米大小者，鹽之華的香草北海道干貝佐北非小米，選用粗粒小米來搭配煎干貝與烤竹蛤，珍珠粉圓般的 Cous 小米，咬在嘴裡食趣無窮。

牛羊排、鴨胸與春雞，是西餐常見選項，相形下，產自西班牙的伊比利豬反顯陌生。西班牙人烤豬肉的方式十分特別，有鐵網卻不直接將肉貼在網上，而是距離鐵網些許距離，以溫火煎烤，烤熟的豬肉不留半絲網痕。

鹽之華的煎烤伊比利豬菲力，用的正是西班牙的正統烤法，肉質嫩而多汁，搭著迷你胡蘿蔔與帶皮小玉米筍，以及黃色甜菜頭跟地瓜泥吃，快活的感受，筆墨無以形容。

哪裡吃

鹽之華

(04)2372-6526　台中市西區五權西四街114號

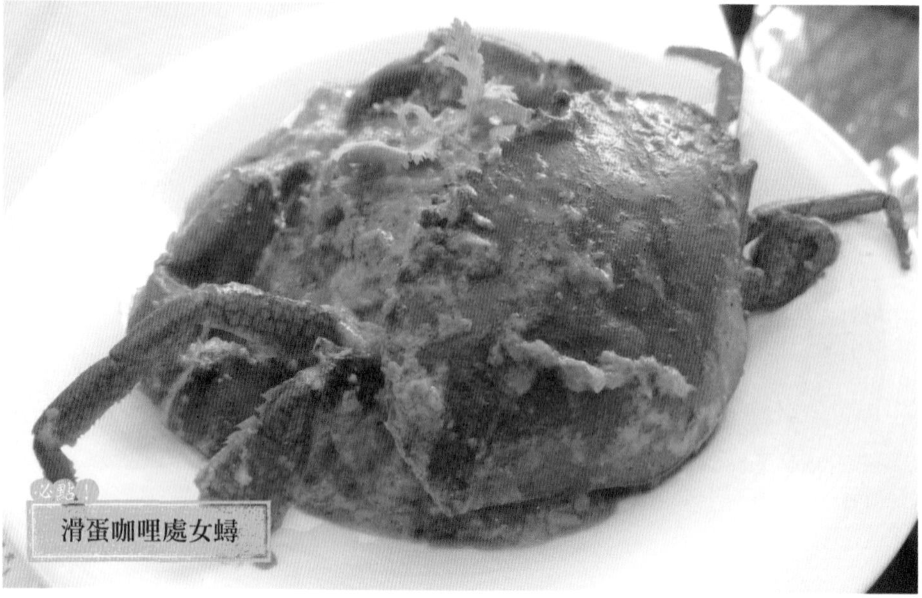

〇七二・台南

SCK賽真預約制廚房

酸辣香鮮的南洋原味

想留更多的時間照顧孩子，同時開一家不浪費食材的預約制餐廳，單親媽媽賽真辭掉五星級飯店的工作，與同是泰國菜高手的小舒，找到台南的僻靜據點，心手相連地打造她們的夢想。

待客如親的賽真，總在客人坐定時，把客人吃泰國菜的喜好宜忌背記清楚，辣度、酸度是否適中？含油量需不需要降低？次次問卷後發現，予人嗜甜印象的台南人，隨著時代變遷，對原汁原味南洋味的接受度，超出她的預期。

至少三天前預約、無法接待散客的賽真預制約廚房，採預約制的主要目的，便是無菜單的菜餚皆可現採買現做，廚餘少自然衛生又環

❶ 芒果糯米糕。 ❷ 酸辣蝦湯。 ❸ 金錢蝦餅。 ❹ 石斑羅望子魚。 ❺ 鮮蔬果沙拉。

保，正因如此，她的菜不論葉菜還是海鮮，上桌時總是光鮮亮麗引人食慾。

魚露、辣椒膏、咖哩粉、黃薑粉、鮮奶水加泰國蠔油燒出的滑蛋咖哩處女蟳，重度調味下，蟹肉清甜依舊，吸足醬汁的碎雞蛋，更是整道菜的精華，佐上潔白的米飯最美。

剝好的蝦仁打成泥，加上香菜梗，調入鹽、蒜末、白醬油、胡椒粉、太白粉，入鍋油炸前裹上麵包粉，金黃酥香的金錢蝦餅表酥裡軟，沾著女主人自製的新鮮梅子醬，倍加爽口。雞骨、肋骨排熬的湯底，加香茅、南薑、檸檬葉、檸檬汁煮成的酸辣蝦湯，初飲時感覺較坊間的口味清淡，當一口一口接連飲下，酸辣香鮮的喉韻終於浮現。

泰國人最愛的甜點，莫過於芒果糯米糕，為了呈現這味家喻戶曉的傳統泰式米食，賽真花了不少工夫尋找她所需的長糯米，直到找到煮熟涼置也不發硬的糯米，她才推出這道點心。糯米蒸好趁熱拌上椰奶，甜香四溢，佐芒果相得益彰。

哪裡吃

SCK 賽真預約制廚房

(06)263-0052　台南市南區中華西路一段137巷93號

〇七三・台南
島旬友善料理

好食物，好健康

想深入理解好食物的定義，阿光找工作找到苗栗的農場，每天與穀類、蔬果親密接觸，驗證飲食對健康的影響。農場體驗讓他希望家人也和自己一樣，吃的隨時都是好食物。

與家人共享健康，讓阿光有了開店打算，學廚藝成為他離開農場的進階任務，幸運的他這回找到跟日籍師傅學料理的工作機會，幾年下來，練就了嫻熟廚藝，他開始騎著車，利用假日空檔，在台南巷弄間找尋老建築，仔細尋訪兩年，終於在民生路的小巷挖到寶，開啟自己創業的生涯。

除了每個深夜至港口採買鮮魚，稻米、蔬果皆取材他所走訪的苗栗、嘉義、高雄跟家鄉台南的農場，阿光深信自己開的島旬友善料

❶ 赤味噌鯖魚。
❷ 外賣食材與調味料。
❸ 文創感老磚牆。
❹ 午仔魚一夜干。

理，不僅能溫飽家人，也能為上門的吃客帶來健康與喜悅。

去鱗除鰓理淨的午仔魚，浸置於與海水濃度相近的鹽水二十分鐘，中途滴些醬油促使烤食後增加風味，浸足時間再吊起風乾，視天候決定風乾四個半小時還是六小時。鹽浸風乾火烤成的午仔魚一夜干，依舊肉質鮮嫩。

剖開鯖魚並去骨取出魚菲力，以調製過的赤味噌鋪成味噌床，覆蓋於鯖魚之上，醃漬兩天即可烤食，同屬美味魚種，鹹香味噌滲透出的氣味，讓赤味噌鯖魚風味獨特。

午間定食常備的有機生菜沙拉、玉子燒＆番茄蛋豆腐十分開胃，野菇味噌湯與當歸時蔬煮讓身體毫無負擔，大根漬配著主食紅豆飯糰，十分飽足。

同樣以等鹹如海水之鹽水浸泡，風乾三或四小時再炙烤的土雞肉一夜干，香香酥酥，是三兩好友小聚、打開話匣子時最好的餐後零嘴。

哪裡吃

島旬友善料理
0906555183　台南市中西區民生路一段157巷11號

〇七四・台南

新泰城泰雲料理

雲南、泰北菜的滋味

跟哥哥在高雄開泰式餐廳好幾年，以為南台灣對泰國菜的接受度一致，根福在台南體育館對面找了個清靜據點，把大哥用貨櫃從泰國進口的家具、藝品，一一陳列完備，信心十足地開起台南第一家泰式餐廳。

客人在新泰城的店門口張望半天，打量了許久卻沒進門，一個接一個，同樣的現象讓根福百思不解，他開門見山，直接了解顧客過門不入的癥結。原來，美麗氣派的裝潢，竟讓吃客誤以為自己的餐廳索價不低，而另一個疑惑則是泰國菜會不會讓人喉嚨噴火呢？

消費額度跟物超所值的問題好解決，真正麻煩的其實是台南人喜甜怕辣，根福於是將涼拌青木瓜絲、月亮蝦餅、蝦醬空心菜跟泰式

❶ 泰味咖哩蝦。
❷ 月亮蝦餅。
❸ 雲醬香酥燴魚。
❹ 餐廳自種的打拋葉。

炒河粉奉上，加上甘香美味的泰式甜點，向鄉親印證泰國菜的結果，是過門客不僅成為登門客，還主動廣為宣傳，帶來批批嚐鮮客。

如同馬來娘惹菜一般，泰北雲南人多，以致泰北的泰國菜或多或少融合了雲南色彩，雲南人將黃豆磨粉並加鹽蒸熟、捏成餅狀發酵曬乾，再與米酒和成泥繼續發酵，費工完成了雲南菜調味常用的的雲南甜麵醬，雲南人簡稱它作雲醬。

雲醬、泰式咖哩加鮮蝦燒成的泰味咖哩蝦，正是這種族群融合菜，不僅止於咖哩蝦，強調重口味吃法的海鮮，都能以雲醬燒出特色，像雲醬香酥燴魚，無論香氣、滋味都不遜眾所周知的檸檬蒸魚。

正統泰國菜少不了打拋葉，新泰城餐廳門前綠地上種的打拋葉，根福從未疏於照顧，老闆娘成梅則是定期用稀飯來醃製雲南水醃菜，以打拋葉加絞肉炒出的辣炒打拋肉，跟水醃菜加里脊肉炒出的水醃菜炒肉，幾乎成了桌桌必點的招牌二炒。

哪裡吃

新泰城泰雲料理
(06)215-7508　台南市南區體育路43巷2號

〇七五・宜蘭

五條通創新居酒屋

和風闔膳居酒屋

孀居的藍亭藉畫畫抒解鬱悶，幾個手帕交一再慫恿，她嘗試讓自己更忙碌些，在健康路、自強路、擺厘路、嵐峰路一段與二段五條大路的交會點，找到一處廢墟細心重整，一個設計感十足的五條通居酒屋現身宜蘭。

比較過不同型態的居酒屋，藍亭希望自己費心打造出的小店，與一般常見的居酒屋形式有所不同，她把壽司台交予日本料理師全權負責外，另聘台菜廚師，加入本土親民小吃，居酒屋的菜色因而多樣。

老闆娘求好心切，捨得用好食材、高級調味料，料理師佑勳做起菜來受限小，格外得心應手。以和風生菜沙拉為例，玉米、竹筍、秋葵加上紫萵苣、紅黃椒、大番茄與苜蓿芽，

❶ 米苔目以海鮮為基底。 ❷ 小菜。
❸ 握壽司新鮮無比。 ❹ 澎湃的生魚片。

看來組合普通，細嚐卻發現口感相當出色，原來以蘋果、洋蔥、檸檬汁、醬油調成的沙拉醬汁，其中還加了初榨義大利橄欖油。

點上海苔醬的鮭魚，海苔醬為主廚親自熬煮之新鮮沾醬，與點上豆味噌的旗魚，以及微炙過的豆腐魚，三款魚鮮湊對成綜合刺身，伴隨和風流派的花藝出場，插花觀感不俗，生魚口感極鮮。

握壽司總在人氣榜上，每天上工首件事便是親嚐魚鮮，判定鮮度優劣的主廚，把顧客最愛的比目魚鰭邊、切絲干貝略炙，淋上醬油、麥芽糖醬汁，與海膽並列成握壽司組，魚、貝、海膽與醋飯交織出迷人滋味。

主顧到店慣例會指定一鍋螃蟹米粉鍋，台菜師傅平南每天固定的起鍋進行式，是把紅蟳一一切塊，用蔥段、蒜末爆香的油炒蟹，加水湯滾調味後，芋頭、米粉一併入鍋，上桌前少不得加上畫龍點睛的三星青蒜，隨著熱氣飄散，螃蟹米粉鍋的蟹香四溢，一碗接一碗，三四碗下肚似是稀鬆尋常事。

哪裡吃 | 五條通創新居酒屋
(03)936-3669 宜蘭縣宜蘭市擺厘路8號

〇七六・宜蘭

芭樂狗

樸實無華的烏克蘭菜

羅宋湯、基輔炸雞全球知名，人們卻經常把它定位成俄羅斯菜，其實它們真正的出處始於烏克蘭。天候酷寒的自然條件下，烏克蘭人愛喝濃烈的伏特加暖身，並在食物中加入大量的奶油，與熱量不低的醃肉。為幫台灣妻子盡孝，便於照顧病中岳父，烏克蘭籍的 Balagov 與太太 Sunny 從紐約返居宜蘭，初來時難耐台灣的悶熱氣候，漸漸地，他發現自己越來越喜歡台灣人的熱情。對外國人而言，宜蘭工作難尋，他與妻子便設攤在街上賣烏克蘭煎餅，直到創店成本籌足，才租了古樸農舍開起家鄉味餐廳。

芭樂狗在小倆口費心整理下，別具東歐風味，小時候就愛跟奶奶上市場的Balagov，

❶ 香蕉榛果巧克力布里尼。 ❷ 自製手工蛋糕。 ❸ 藍莓覆盆子布里尼。 ❹ 克瓦斯。

做起菜來一絲不苟，他堅決讓自己餐廳裡的菜完全原汁原味。宜蘭豬豬肉鮮美，尤其適合做烏克蘭式豬肉丸，店主兼大廚買回每天現宰的豬絞肉，把泡過的糯米加上蛋跟炒過的洋蔥，搓糰後投入有肉桂葉的番茄醬汁燉煮。奇妙的是烏式豬肉丸不像中國菜獅子頭般需要不斷甩打才能打出筋性，輕鬆簡單的製作步驟一樣粉嫩夠味有彈性，調著番茄醬汁吃格外鮮美。烏克蘭人喜歡自己釀酒，Balagov 定期用麵包發酵，輕發酵好的飲料加上薄荷與蜂蜜後，就是冰涼爽口、不遜於啤酒的烏克蘭著名飲料克瓦斯。香蕉榛果巧克力布里尼是精采的主廚甜點，精緻度與法式薄餅無二，口感順滑優雅，烏克蘭手工冰淇淋製作費工費時，老闆如果忙得過來，淋上手工藍莓醬與冰淇淋的藍莓覆盆子布里尼，更是錯過不得的精選。

訓練副手難尋，校長兼敲鐘的芭樂狗店主夫婦，只好每個月單週週二公休一天，雙週週一、週二公休兩天以便備料。平實見充實，正是這對異國情鴛的生活縮影。

哪裡吃 芭樂狗
(03)935-1655／0928-700342 宜蘭縣宜蘭市復興路二段168-1號

〇七七・宜蘭
藍屋

必點！

早午餐

❶ 藍屋所在是日據時期的古蹟。

❷ 總匯三明治。

❸ 凱薩沙拉。

古蹟風味佐餐

除了設置館，漫步宜蘭不難發現其他同樣有味道的老建築，像興建於一八九六年，老檜木卡榫、灰石瓦為頂、深藍色外漆，曾是獄吏承辦公務的舊監獄門廳，隨著宜蘭商圈近年的蓬勃發展，比鄰百貨新月廣場的這處古蹟，內部稍事整裝，便成為雅緻的藍屋西餐廳。

先後在君悅、亞都等五星級飯店任職西廚，建忠得閒便往宜蘭舒壓，他不但找到了心靈的寧靜，也找到了自己最傾心的工作契機，接掌藍屋西餐廳主廚，把正統西餐帶進蘭陽。

打發的蛋黃加上芥末籽醬續打，松子、鯷魚、特級橄欖油增鮮，鋪陳在蘿蔓之上，建忠的凱薩沙拉連老外也驚豔。喝完培根、洋蔥、番茄、青椒、蘑菇、馬鈴薯與牛肉久熬成的羅宋牛肉湯，美國頂級老饕牛排佐香料上場。

以低於九十度溫度先行熟成的牛排上蓋肉，經過海鹽、香料鹽、礦物鹽三種鹽與橄欖油滋潤入味，點食後再於煎台以兩百二十度

哪裡吃 | 藍屋
(03)936-8282　宜蘭縣宜蘭市神農路二段117號

紐約客牛排佐野菇醬。

左右的火候炙煎，這塊外酥裡嫩的頂級老饕牛排，在三種鹽完全入味、高溫烘托下，倍顯鹹鮮酥香。

牛骨加多種蔬菜熬成的湯底，過濾後與蘑菇做成牛排沾醬，佐以同樣經海鹽橄欖油前處理過的紐約客牛排佐野菇醬，是偏好重口味牛排者之選。

總匯三明治看來最簡易不過，卻能考驗主廚在小東西上是否用心，除了吐司、培根、生菜、蛋之外，如何讓吃客對自己的三明治留下印象呢？三明治的塗醬便是關鍵！

黃芥末三、美乃滋四另加適量鹹沙拉醬，就是這樣的比例，讓雞蛋、培根、燻雞肉、洋蔥、蘿蔓、番茄、紅捲生菜與切片烤麵包集合而成的總匯三明治，咖啡、茶兩相宜，簡餐或是下午茶時光絲毫不無聊。

肆 輕食最繽紛

〇七八・基隆

朋廚烘焙坊

麥香麵香雜糧香

從設計師手裡接下設計圖，Jimmy 只需完成完稿的職責，這樣枯燥的工作方式周而復始，讓他厭煩又倦怠，五星級飯店當點心師傅的朋友，邀他到家裡喝咖啡解悶，一盤盤美麗又美味的西點，不僅讓他大開眼界，也深刻感受到幸福。

遞完辭呈走進職訓局學烘焙，他發現自己終於找到人生真正的方向，在職訓局修習出基本烘焙技術，再進階至飯店點心房，跟著美國籍點心主廚學西點，美術設計的背景，讓Jimmy 的作品備受激賞。

眼見父母逐漸老邁，自己生長的基隆又找不到與台北水準相近的麵包店，他於是在廟口人氣最旺的區塊，開了屬於自己的朋廚烘焙

京都地瓜麵包。

❶ 紅豆麵包。
❷ 白吐司。
❸ 餐包五款組。

坊。不怕人力時間成本增加的他，堅持一天做麵種、一天發酵來做白吐司，四十八小時完成的白吐司，組織細密、麵香濃郁。

嗜甜的老人家總挑櫃架上有歷史記憶的紅豆麵包，為了他們的健康，即使萬丹紅豆做出來的豆沙進價再高，Jimmy還是不用香精重的廉價品。孩子們喜歡造型可愛的小餐包，麵包叔叔用南瓜、雜糧設計了小餐包五款組，給總是為早餐傷腦筋的媽媽。

從金山挑回來的新鮮地瓜，洗淨、切丁、蒸熟拌入少許糖，填入和了芝麻粉與芝麻粒的吐司麵糰，黑芝麻地瓜麵包口感綿軟，咬著咬著，聞到的都是芝麻的果仁味。

一層偏軟的麵糰，外層再覆上一層口感偏歐式的麵糰，這是日本京都老麵包師傅研發出的雙層麵糰發酵方式，以此步驟做出的麵包，統稱京都麵糰。把地瓜丁包入京都麵糰中，烤出來的京都地瓜麵包，表皮酥內裡柔嫩，雙層麵糰營造出的，是雙層麵包的口感。

哪裡吃
朋廚烘焙坊
(02)2428-5117　基隆市仁愛區仁二路208號

〇七九・基隆

鳥巢咖啡

無敵海景簡餐

民國七十八年，漫步於碼頭的蕭進中突發奇想——眼前這片海景，何不讓自己跟妻子天天擁有呢？不曾觸碰餐飲，毅然放下手上的貿易，找到基隆運河上興建不久的海景大樓，老蕭興致勃勃地張羅著新店的必需品，他並沒有十分把握，只抱著埋頭幹的決心。

好在妻子手藝不差，廚房內場當然全交給她，鉅細靡遺的老蕭自然扮演外場招呼客人的角色，當人們一談到基隆就想到廟口夜市時，從台北搬來的這對小夫妻，卻用炒飯、牛肉燴飯等家常風味的簡餐擄獲了基隆人的心。

六〇年代風行於全省咖啡廳的青椒牛肉炒飯，數年來近乎絕跡，只因為它是許多基隆在地主顧的回憶，老蕭對之格外要求，青椒必

❶ 窗外海景。 ❷ 肉餃鍋套餐。 ❸ 青椒牛肉炒飯。

須炒到脫生卻不能軟爛，整碟飯牛肉分量得適中，米飯更講求粒粒分明、口感清爽。

希望吃客就像回到自己家般，自在無拘，鳥巢咖啡的生意一天比一天穩定，假日時還有不少外地人跟著本地人的腳步，熟門熟路地上門，不預訂還經常向隅。一眨眼，不知不覺二十八年匆匆過，每當年邁的老夫婦、少年長成的主顧入座，老蕭心裡便升起一股暖意，為了這些人，他的簡餐一定要做到位，讓主顧回味無異當年。

在距離不遠的台北都會，很難想像區區三百元上下就能吃到一份優質食材的簡餐，牛肉加基隆手工魚餃組合出的肉餃鍋，是挑嘴客的必選。雞肉煮得韌性十足、沾醬也調得費心，還有煎蛋陪襯，米飯質地頗佳的雞肉飯，更是不吃不可。

一邊眺望窗外的海景，一邊啜飲餐後咖啡，同時品嚐著店主老蕭特別精選的基隆著名糕點，鳥巢給人的感覺，不是市儈地省到荷包，而是一種被業者尊重、珍惜的滋味。

【哪裡吃 鳥巢咖啡
(02)2422-8802 基隆市仁愛區孝一路66號】

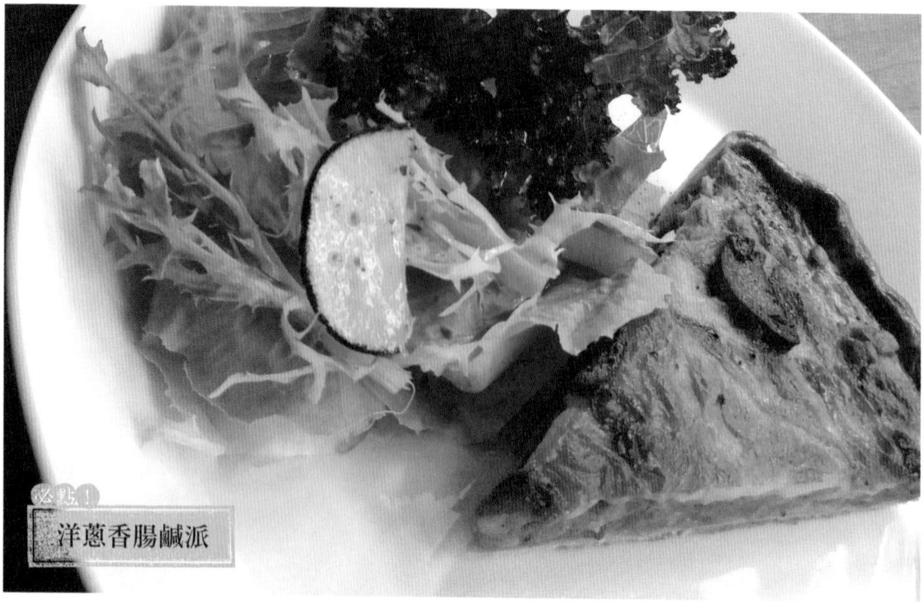

〇八〇・台北

a day日常生活

後巷派香濃

長年商務旅行的竹科人 Jimmy，望著機艙外飄過的雲霧，突然茫然地問自己，每天張開眼便忙著盯客戶、追業績，家裡的床褥還熟稔不過歐洲旅館的床褥，難道這就是自己選擇的人生？

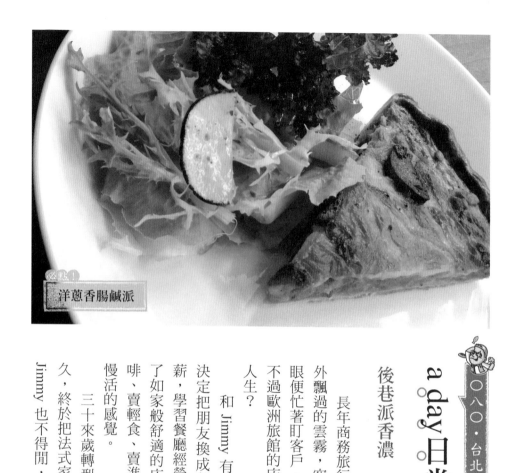

和 Jimmy 有著相同苦悶的廣告人 Ovan，決定把朋友換成創業夥伴，他們同時放棄高薪，學習餐廳經營的種種，在松菸文創邊布置了如家般舒適的店「a day 日常生活」，賣咖啡、賣輕食、賣進口茶具跟小鍋具，以及真正慢活的感覺。

三十來歲轉型，Ovan 向專業大廚摸索良久，終於把法式家庭味的鹹派、甜派學習上；Jimmy 也不得閒，所有冷熱飲料必備的基本技

❶ 蘑菇鹹派。 ❷ 蘋果派。 ❸ 檸檬派。

巧，他一一鑽研透徹，煮咖啡的心得更為獨到，過往在歐洲喝下的咖啡記憶，他點點滴滴注入客人的咖啡杯裡。

白洋蔥是鹹派的主要調味，雪白的洋蔥，須炒至褐色才能產生焦香氣，再加上以橄欖油炒過的德國煙燻鹹香腸，加入奶蛋液，墊入派皮，鋪上瑪芝瑞拉起士或帕馬森起士，就是口感濃郁的洋蔥香腸鹹派。

顧客慕名而來不分中外，有蔬食需要者不在少數，除了洋蔥香腸鹹派，Ovan 添置了以蘑菇、杏鮑菇為主，各色香菇為輔的蘑菇鹹派，無肉味亦美，鹹派出菜前，加了生菜沙拉點綴，受歡迎的程度，不下洋蔥香腸鹹派。

嚐了鹹派，胃中尚有甜派留存的空間，奶蛋液加檸檬皮屑調拌，做出來的檸檬派滑順爽口；蘋果與糖炒至水分收乾的相當程度，混入肉桂粉、拌上核桃粒烤透的蘋果派，果香果酸夠味，a day 的甜點不制式，甜派之外，店主想到哪做到哪，店符其名。

哪裡吃

a day日常生活

(02)2766-7776 台北市信義區忠孝東路四段553巷46弄11號

〇八一・台北 Fika Fika Cafe

必點！
黑糖拿鐵咖啡

蜂蜜芥末燻雞起士帕尼尼。

公園邊的簡約咖啡館

熱衷咖啡研究的 James 大學時透過網際網路吸取相關知識，他買了生豆，用克難的炒菜鍋炒豆，還發現爆米花機、奶粉罐ＤＩＹ的簡易烘豆方式，與網上咖啡同好分享。

網路行銷自焙咖啡多年，James 在伊通公園邊開了實體店面 Fika Fika Cafe，持續鑽研如何烘豆讓苦味減少、甜度增加，酸味不礙味且順暢不呆板。二〇一三年北歐盃咖啡烘焙賽結果出爐，當公布冠軍由台灣選手 James 贏得時，他激動得難以自己。亞洲的咖啡品味，日本稱霸多年，而 James 終於在這塊全球正視的領域上為國爭光。

每個上班日清晨八點，公園綠意盎然，咖啡香慣例自 Fika Fika Café 飄出，聰明的熟客懂得避開下午茶時段的喧嚷，趁早來享用一杯精湛咖啡，順道在自己習慣的角落，食用美味早餐。

水洗耶加雪夫一冰一熱上桌，無柄紅酒

【哪裡吃 Fika Fika Cafe
(02)2507-0633 台北市中山區伊通街33號】

❶ 煙燻鮭魚貝果。 ❷ 冰咖啡。 ❸ 核桃塔。

杯盛著隔冰水、冰塊降溫後的冰耶加，輕抿一口，電子溫度計精準要求出的攝氏六度冰咖啡，如漣漪在口中盤旋，飲盡極速降溫的冰耶加，再慢慢品賞熱耶加的濃醇。

黑糖與黑咖啡結合後，口感未必出色，**Fika Fika Cafe**從十餘種國內外出品的黑糖中，選出新竹寶山原住民生產的柴燒黑糖，以瓦斯槍略炙，形成棕色軟皮膜，覆蓋於拿鐵咖啡上，再撒上粗細不一的黑糖粉，雙層黑糖拿鐵令人訝異的是，有糖霜的焦香，卻無糖分的甜膩。

蜂蜜芥末燻雞起士帕尼尼、煙燻鮭魚貝果早餐中，玻璃碗內的附餐冷燕麥，融和了蜂蜜、燕麥、牛奶、優格、葡萄乾與現榨柳橙汁與奇亞籽，健康美味兼具。

〇八二・台北
Maple Maple Café
必點！
煙燻鮭魚貝果

❶ 洋蔥培根鹹派。

❷ 楓糖里脊佛卡夏三明治。

來自加拿大的香濃手工派

在加拿大傳統農夫市場閒逛，楷忻深為市場裡的有趣景象吸引，嚐著各色楓糖製作的婆媽姨奶手工派餅，從不下廚的她居然有股衝動，想把這個農夫市場的好滋味帶回台灣。

加拿大籍男友媽咪一對一的教學下，楷忻學到了鹹派、甜派的多款做法，她辭去電影服裝造型師的職務，跟情人在台北永春捷運站二號出口的那棟大樓後棟，租了個挑高小樓店面，請電影場景設計師為小倆口規劃了一個溫暖舒適的 Maple Maple Café 空間。

挑剔到龜毛程度的楷忻，開店前四處訪巡有機食材供應商，想套用加拿大農夫市場概念，來經營她無窮熱情打造出的可口空間。她從加拿大進口楓糖做系列餐點，到花蓮牧場採購牛奶，選法國高檔品牌奶油與雞蛋做派皮，開啟素人烘焙師的藝術生涯。

派皮完成後便是派餡處理的工作，先把培根爆香，加入洋蔥，炒到焦糖化的程度，下豆

❸ 楓糖凍冰磚拿鐵。
❹ 番茄起士派。
❺ 香蕉派。

蔻粉調味，熟花椰菜鋪置派皮後，將先前的洋蔥培根填入，最後加上混了三種起士的奶蛋液送入烤箱，便是成果完美的洋蔥培根鹹派。聖女番茄為主料、百里香調味的番茄起士派，同樣味型香濃。

熟香蕉切碎，與奶油加楓糖煮成香蕉醬，和切片香蕉鋪於派皮底層，並加上香草與楓糖威士忌酒煮成的卡士達醬，烤好撒上些許可可粉，香蕉派口感細膩，甜度優雅，吃完不自覺地想抿一下唇留住餘香。

楓糖里脊佛卡夏三明治與煙燻鮭魚貝果，是打拚上班族午餐時段的最愛，配一杯有楓糖果凍、咖啡冰磚，以熱牛奶沖成的楓糖凍冰磚拿鐵咖啡，即便不是週末，也有了週末心情。

哪裡吃
Maple Maple Café
(02)8789-0550 台北市信義區忠孝東路五段410號之5

〇八三・台北

月十二曲

古雅小食綠豆糕

買了北部大賣的糕點送給南部客戶品嚐，又把南部叫座的糕點送給中部客戶，從事食品包裝業務，陳凱因了解消費趨勢，很快贏得糕餅店老闆與師傅們的認同，升格成廣受邀聘的烘焙顧問，甚至開了自己的烘焙店。

捨得下重本讓五星級飯店的點心師傅也樂於追隨，做出多項搶手糕點，每遇年節檔期，台視跟中崙市場間那不起眼的小店月十二曲，總給主顧擠得水洩不通，刁嘴老饕吃慣了的琥珀酥——綠豆糕，貨架上總是不一會兒就要補貨。把師傅當寶、客人當評鑑家的陳凱，認為只要是師傅點頭的食材原料，就算比同業貴很多也絕對要用，就以琥珀酥來說，顆粒大的綠豆品種澱粉粒自然也大，是做琥珀酥的不二之

❶ 琥珀酥。 ❷ 相思雪花糕。 ❸ 養汁芋頭酥。 ❹ 德國焗奶塔。

選。

蒸氣加熱三洗三蒸，沒有半點浮末雜質後才能炒乾拌糖，並置入石刻師傅特別構圖的模具定型，定型的步驟完成，琥珀酥尚需回籠續蒸，才能讓調味在高溫下全然融入綠豆沙。此時，加上畫龍點睛的北港麻油做最後點味，色澤豐潤、圖案古典的琥珀酥，才算大功告成。

不流俗、不迎合市場的頑固老闆，認為傳統鳳梨酥所用的冬瓜餡，代表性與存在意義不容抹滅，他不但堅持沿用五〇年代的冬瓜泥鳳梨酥餡，還維持早期鳳梨酥咀嚼口感的酥皮，曾逐一徵詢上門的中外顧客，得到的市調結果是，某些食物就跟古董一樣永遠無法被取代。

月十二曲的鳳梨酥，除了原味外還有核桃鳳凰酥，最讓人驚豔的，自然是那油多麵粉少、麵糰比例絕佳的酥皮，口感介乎餅乾與蛋糕之間，不似坊間廣見機器大量生產、質感與喜餅幾近無異、咬上一口便粉碎的鳳梨酥，那手工捏製才有的糕餅香，正是四十餘年前台灣鳳梨酥的原本滋味。

哪裡吃

月十二曲

(02)2579-2057 台北市松山區八德路3段74巷6號

〇八四・台北

光復市場素食包子店

清爽樸素好風味

媽媽在忠駝新村邊的市場賣素食，從小跟眷村小孩一起玩大，淑芬、明桔姐弟倆的生活習慣、口味幾與眷村子弟無異。明桔在著名老店三六九學得一身做包子的好本事，一家人決定把家中的素食攤改為素包子鋪。

每天照常拌著餡、和著麵、擀著皮，隔著蒸籠目測包子個個熟透飽滿，做著做著，竟也一晃二十多年，忠駝新村不復原貌，早已改建成忠駝國宅。光復市場素食包子店的門口依然人聲鼎沸，看著自己長大的婆媽叔奶，每天時間一到就來店門前報到，守候著老實姐弟的手工包子。

鹹甜各具約莫十幾種包子，雪裡紅包、高麗菜包、四季豆包分外搶手，出鍋沒幾分鐘便

❶ 剛出爐的包子。

❷ 包子包好待蒸。

❸ 老闆娘熟練地包著包子。

香菇竹筍內餡。

售罄；蘿蔔絲包、葫蘆包視蔬菜當令推出。自我要求高的明桔，總在客人無所挑剔前嚴格地自我審核，不讓自家包子在客人嘴中出包。

洗、燙、切、拌、包，持續了二十幾年的工序，從未在包子哥手裡脫序，買回店裡的蔬菜堅持從不隔日，因為當日鮮是青蔬美味的唯一準則。汆燙過的蔬菜唯有沖水，不靠鹼維持色澤，單是流動的水沖菜這項步驟就得花上二十分鐘，菜色在最自然的處理方式下保持青翠。雪菜微苦，加上青江菜、高麗菜與荸薺不苦反甜，這是光復市場素食包子店雪裡紅包成為人氣包的主因。上選的木耳絲無泥漬無頭渣，與爽脆甘甜的荸薺與四季豆為餡，剝開四季豆包，飄緲煙氣間，碧綠如茵的田園似是整片。

夏日葫蘆最嫩卻也最易出水，願以葫蘆為餡的店家因而不多，光復市場素食包子店卻不嫌麻煩，每年夏季初至，白胖胖的葫蘆包便應景推出，不同於雪菜末、四季豆丁的葫蘆包，絲絲縷縷，牽纏著另一味的素雅。

哪裡吃

光復市場素食包子店

(02)8780-1949　台北市信義區光復南路419巷95號

〇八五・台北

合興壹玖肆柒

迪化街的上海茶點

海外漫遊時，先進國家時尚領先、傳統文化也保存了完整的一面，讓佳倫感觸良深，她突然想到，雙親在傳統市場裡製作販售的上海糕點，懂得欣賞的青年族群消費者日益減少，她是不是該動動腦，讓老式糕點再受青睞，繼而延續傳承？

在迪化街商圈後段，靠近台北橋的區塊，室內設計師任佳倫精心打造了一間茶肆「合興壹玖肆柒」，專營上海糕點與台灣茗茶。擱下平素拿慣的繪圖筆，戴上頭巾、圍上圍裙，她跟著母親，從基礎的蒸糯米糰起步，新鮮的艾草切細後和入糯米糰，再包入炒熟的非基改台灣產黃豆粉，艾草青糰細嫩的青草味，與糯米皮中的黃豆餡極搭。

❶ 黃豆粉餡艾草青糰。

❷ 百果椒鹽酥餅與鮮肉酥餅。

❸ 夏日格外消暑的冷泡茶。

❹ 琳瑯滿目的各色茶點。

以花生油取代豬油，製成油皮、油酥融合出的蘇式月餅皮，單純包入榨菜、米酒調味的豬肉餡烤熟，鮮肉酥餅香酥的口感，絲毫不因少了豬油遞減；花生、百果、瓜子、葵瓜子與芝麻、核桃、橘餅為餡的百果椒鹽酥餅，堅果味十足，橘餅的香氣，由咀嚼中漸層擴散出。

近兩年來，趕搭健康列車的紅藜正當紅，烘焙坊、麵包店紛紛推出紅藜系列食品，合興壹玖肆柒在跟進食尚上也沒有缺席，在傳統鬆糕所用的蓬萊米粉中加上紅藜粉，還有品質極佳的蔗糖，雙粉入模具上籠蒸之前，模具中間再加進金山地瓜與紫色地瓜夾層，只挑四月到七月紅藜產季才製作的紅藜鬆糕，既健康養生又秀色可餐。

熱茶、冰冷泡茶都以可愛的透明茶具呈現，與茶點相佐的茗茶選項，有自然農法的東方美人，還有坪林文山茶區的有機綠茶、日月潭著名的蜜香十八號；罕為人知的野生大葉台灣白茶，有如存放多年的老茶，有股內斂沉澱的氣味。

哪裡吃

合興壹玖肆柒

(02)2557-8060 台北市大同區迪化街一段223號

必點！

黑飯糰

〇八六・台北

員林商店

黑金般的飯糰

從八里嫁至台北，賢慧的玉英早起晚寐，除了幫丈夫打理雜貨鋪生意，還要定時準備八十幾歲婆婆與小叔的一日四餐。婆婆、小叔相繼辭世後，只需要看店的日子讓她空閒得絲毫不快樂，總覺得生活失去了重心。

打算開早餐店打發時間的她，找到工廠現做的豆花，但總覺得口味上不盡理想。就在關鍵時刻，幸運地遇上不藏私的朋友肯教玉英做手工豆花，看似學問不大的豆花，試做起來並不如想像般容易，過程中整整報銷了四桶豆花方才大功告成。得悉黑色食物補血益腎，她開風氣之先，改以黑豆取代黃豆磨粉做豆花。

賣坊間常見的白飯糰，玉英覺得毫無特色，她注意到省產紫糯米，何不以之做黑飯

❶ 綠豆薏仁湯。 ❷ 花生湯。
❸ 勤製飯糰的店主。 ❹ 小店外觀。

糰呢？俗稱黑米的紫糯米鐵質、胺基酸含量豐富，黏性不如白糯米，熱量卻較白糯米低，是高營養價值的黑色穀物，適合加桂圓蒸成甜米糕，亦可與黑棗、紅棗、蓮子、紅豆、綠豆、薏仁煮成甜粥。

養生黑米成本較高，一般小吃業者不捨得多用，以致市售黑飯糰色澤紫白相間居多，僅僅算得上紫飯糰而已。不吝黑米的調和比例，讓玉英做的黑飯糰色澤黝亮、質感扎實，嚐過的人無不誇讚，這才是不折不扣的黑飯糰！

原本賣香燭、五穀雜糧的員林商店老闆娘，為了維護商譽，在黑飯糰所用的材料上，不僅糯米一項食材篩選嚴格，以大眾喜愛的肉鬆來說，肉鬆不能有黃豆粉摻和的味道，素飯糰裡的素鬆，也要讓吃客咬下飯糰的那一刻，感受到海苔香菇與白芝麻的新鮮香氣，不分葷素。

紫米含量比率高，飯糰經咀嚼時咬勁特別好，加上十足新鮮的油條、切得大小適中的蘿蔔乾，與米粒律動，有如打擊樂。

哪裡吃

員林商店
(02)2391-2226 台北市大安區金山南路二段129號

必點！
法國鹹點

〇八七・台北

莉園商行

喉韻綿長的藝妓咖啡

渴望帶回咖啡樹種移栽的買主，在衣索比亞咖啡農園主人的面前等候答覆，那盤算了半天的精明賣主思量著，Geisha山原產的咖啡樹種生長不易、產量低，乾脆丟給眼前這個傢伙吧！察覺真相後，這當時沒被打聽清楚的樹種，旋即又轉到巴拿馬咖啡業者的手中，有趣的是Geisha 的原文發音不僅與藝妓的日文發音相同，甚至連咖啡的宿命也近似藝妓，爹不疼娘不愛，遠走他鄉圖生存。

世事難料的是，不僅在巴拿馬棲息生根、也獲得培養重視的Geisha，竟在國際杯測大賽中脫穎而出，成為繼藍山、夏威夷Kona咖啡豆後，最受全球矚目的咖啡新寵。專家給上選咖啡一個有趣的定義，好咖啡氣味上反倒不像

❶ 法國進口的可頌。 ❷ 細緻無比的手沖咖啡。 ❸ 蜂蜜漬檸檬茶。

咖啡，而是有如果汁或是養生花草茶的風味，Geisha 無疑是最好的例證。淺焙後的 Geisha 豆經過沖泡，汁液與咬在口中的乾咖啡豆絲毫無異，質感厚實、果酸柔順、喉韻綿長細膩。

午後的東門市場，少了賣菜買菜的熱鬧與喧囂，少有人注意，距市場不遠處的安靜僻巷裡，有個喝咖啡、聽音樂、啖美點、享寧靜的優雅空間，因為莉園商行的四字招牌，實在讓人費解，究竟該不該登門？

尋味亦需有緣，Geisha 咖啡正是此處的壓箱寶，欣賞咖啡豆自店主手中蛻變為黑水，不僅過程迷人，也是啜飲瓊漿玉露的視效前奏，沒喝過 Geisha 咖啡，很難想像「看山似山又非山」是何等意境。有味道的品飲空間，不僅咖啡茶飲具特色，茶點小食亦不俗，玫瑰、蔓越莓馬卡龍外，油脂含量低於一般可頌、輕盈美人都可放心一嚐的杏桃可頌，是好咖啡的絕佳組合，巧克力捲上貼著密密麻麻的巧克力豆，爽口不膩的可可脂與酥皮的淡淡油香徐緩交流，不讓極品咖啡專美。

哪裡吃

莉園商行

(02)2322-5708 台北市中正區信義路二段79巷34號

〇八八・新北

Goody.O Café

公園邊的夢想Brunch

室內設計公司的業務雖然穩定，海峽兩岸當空中飛人的日子卻令 Tony 感到疲憊，他懷念每天早上醒來是同一張床板的日子，更嚮往在廚房裡一邊聽著鄉村歌曲，一邊替家人張羅早餐的時刻。

在永和四號公園邊不知繞了多少回，終於找到一個面對公園的商業空間，可以打造一個有自己味道的咖啡館，甩去人生最不重要的虛銜，放下過往人人羨慕的工作，Tony這次當起自己生活的設計師，把夢想中的美式小咖啡館，一吋吋整理出來。

非假日的早晨，Goody O. Café 是享受早餐最棒的時刻，溫熱油醋醬汁調拌的田園核果生菜沙拉，小麵包丁、黑橄欖、鹽炒腰果的香

❶ 鐵鍋香腸麵包總匯。
❷ 西班牙可頌。
❸ 田園核果生菜沙拉。

氣，陪襯著洋蔥、培根、蘑菇、小番茄、水煮蛋、杏鮑菇、鮮香菇與蘿蔓生菜，口口生香。

香草豬肉香腸、墨魚豬肉香腸、瑞士起士香腸水煮後以橄欖油煎香，炒熟洋蔥蘑菇蛋，加上蒸熟油炸過的馬鈴薯，與起士青醬烤過的牛番茄及烤至金黃的軟法國麵包，多樣美味以可愛的鐵鍋盛裝，鐵鍋香腸麵包總匯不僅外形吸睛，每口都意味著滿足。

肥二瘦三的絞肉，以匈牙利紅椒粉、義式綜合香料、橄欖油沖成的辣油調味，炒至乾酥下白酒提香，香菜碎、小番茄添味增色，與起士炒蛋佐酸奶、金桔、檸檬汁上桌，搭著袋餅吃的這款辣豬袋餅，是濃香黑咖啡的好搭檔。

對切的可頌，一面塗奶油，另一面鋪上瑪芝瑞拉起士與巧達起士，再在其中墊入里脊火腿與美式拉糖片，高溫烘烤後拉糖鬆脆如薄霜，和著熱的起士牽絲，西班牙可頌予人的，是完整套餐後那種少不了的甜點感覺。

哪裡吃 | Goody.O Café
(02)2927-7718　新北市永和區安樂路218號

○八九・新北

JANE DOE'S無名女孩

不輸飯店的精緻校外餐

懷抱夢想到澳洲半工半讀，十九歲的艾瑪圍上圍裙，課餘便在餐廳工作，敏慧的她勤學好問，短短幾年就做出了連大廚都首肯的漢堡和三明治。學成歸國，她用幾年來打工攢下的積蓄，在新北市輔仁大學邊，開了間首度創業的加盟餐廳。

校外餐廳給人的感覺，不外乎平價又粗糙，加盟餐廳供應的食物，更非艾瑪所願，做夢都夢到自己把澳洲餐廳裡的配方，驕傲地送上桌。最後她終於下定決心，退出加盟達三年的品牌，改走自己的路，建立自己的消費群。從室內設計的格調到餐飲的國際化，JANE DOE'S 無名女孩餐廳於二〇一六年九月初在輔大校外嶄露頭角。

88-3進口自法國的鹹點。
88-4
88-5維他命般的咖啡豆。

❶ 法式油封雞腿飯。 ❷ 花豬堡。 ❸ 瑪格麗特烤起司三明治。 ❹ 冰肉桂咖啡。

深受老外喜愛的鷹嘴豆，是蔬食者補充營養的最好食物，在台灣卻不廣見，艾瑪用鷹嘴豆泥、馬鈴薯泥加堅果，調上胡荽、孜然，炸成蔬食的鷹嘴豆泥蔬食堡，不添加任何醬料就非常美味，佐以冰肉桂咖啡更是絕配。

薄片番茄加蘿勒、大蒜、橄欖油火烤後靜置，與瑞士起士、瑪芝瑞拉起士置於塗過奶油的吐司間，以熱壓烤盤烤透，瑪格麗特烤吐司三明治每咬下一口，義式烤香草番茄的香氣便自齒縫溢出。

台灣的雞肉格外好吃，把法式油封鴨改版成雞腿如何？粗海鹽醃一整天的雞腿，翌日將鹽洗去拭乾，加蒜頭、橄欖油、義式香料與昂貴的大黃上烤盤烤四小時，烤好靜置一天，花上四天的準備工夫，才能小火油煎後上桌，鋪上甜椒時蔬與晶瑩米飯的法式油封雞腿飯，有五星級飯店的尊榮感。

校外也有經典味？一個年輕女孩用無比堅定的信心、毅力，給了所有人最無庸置疑的答案。

【哪裡吃 JANE DOE'S無名女孩
(02)2904-0321 新北市新莊區中正路516-34號】

〇九〇・新北

方圓美學生活

在北海岸學會慢食

老蕭其實不老，繁重的工作壓力與強烈責任感，讓身為科技新貴的他，坐三望四累白了頭，驅車北海岸小憩，妻子柔聲對他說，我們就來這裡過小日子，健康地好好活著，比任何成就感都重要啊。

一向說做就做的他，立刻買下旅法畫家的可愛小居，跟妻子整理出三芝藝術社區的新居，採購咖啡、紅茶各項食材炊具，更重要的，是把在地藝術家的生活陶餐具茶具，添購至他們的方圓美學生活空間。

同為白領的蕭太，曾因熱衷烹飪四處拜師學藝，非專業廚師卻燒得出親友們豎大拇指的家常菜，她以橄欖油爆香洋蔥蒜碎，再將牛肝菌菇、舞菇、鮮香菇、鴻喜菇、杏鮑菇、秀珍

❶ 香草蔬菜燻鮭魚堡。 ❷ 臻藏鮮奶茶。 ❸ 新鮮水果茶。

菇炒香，加上奶油、薑跟雞骨鮮燉的高湯，最後把煮至七分熟的兩種糙米入鍋與諸料反覆翻炒，上桌前加上烤好切片的宜蘭櫻桃鴨。台版的百菇櫻桃鴨燉飯，廣受來客喜愛。

嚴選購回的羅勒麵包，鋪上洋蔥絲、鮮番茄片、蘿蔓葉和智利煙燻鮭魚，便是盛暑輕食香草蔬菜燻鮭魚堡，當主食當下午茶都好。方圓美學的女主人以南投日月老茶廠高價的百年紅茶加鮮奶煮出的臻藏鮮奶茶，是煙燻鮭魚堡的最好附餐飲品。

台灣水果味冠群倫，豈能不好好利用？以紅糖、鳳梨丁加水熬成的鳳梨汁，配上當令切丁水果、紅茶以及果農熬製的新鮮果漿，便是一陶盅清心消暑、美如甘露的新鮮水果茶。

每週僅週五、六、日、一，四天開業，其他時間不是在找食材就是在海邊聽濤的小夫妻，並不汲汲營營追求輝煌業績，他們深信，唯有自己快樂才能帶給人愉悅輕鬆，所有踏入方圓美學的有緣人，都跟他們一樣，拋下壓力、慢食慢活。

哪裡吃

方圓美學生活

0988-959711　新北市三芝區晴光街20號（芝柏藝術村）

香煎牛蒡烤年糕綴白芝麻比薩

〇九一・新北

之間茶食器

上滬尾找茶

天色微明空氣冷涼，Eason載著同事譽瀛，騎著機車在老屋齊集的巷弄裡穿梭，清晨五點的淡水，不見遊人如織，靜謐無比，美得讓人屏息。

「當淡水還是舊名滬尾的時候，她可是把台灣好茶推向世界的重要港口……」Eason邊騎邊敘述著自幼生長的地方，臉上漾著傲人光彩，譽瀛聽得入迷，思維跟著愛茶、習茶素養極深的Eason，共同回到一八六八到一八九五年，那個茶葉經營史輝煌的時代。就這樣，一個工業設計背景、一個正統美術背景的兩個年輕人，選在淡水老街街尾，空間、食器、茶具、掛畫樣樣自己動手，架構出一個藝術展演場般的茶肆。台灣茶、中國茶、東洋茶、西洋

❶ 朝鮮薊橄欖油比薩。 ❷ 黃金爐烤南瓜飯。 ❸ 中國茶曾因淡水名揚天下。 ❹ 秘製金棗熬茶。

茶，都在這裡找到被珍視的位置。

之間美麗的空間中除可品茗，還能嚐到主人母親的不凡手藝，Eason 照著媽媽的配方，將宜蘭友人無農藥農園裡初摘的新鮮金桔，洗淨拭乾劃刀，入糖以火慢熬封罐，點食時才以薑片慢熬，蜜漬的金棗茶，風味絕美！

茶飲雖是主角，餐點也不失色，澳洲歸國的主廚，以每天自行培養的有機葡萄酵母菌做麵糰，完成香煎牛蒡烤年糕綴白芝麻比薩，以及市面不廣見的朝鮮薊比薩，韌性、張力皆佳的餅皮，整片嗑光意猶未盡。

金山、三芝盛產南瓜，南瓜熬成南瓜醬後，續加瓜果鮮蔬、淋橄欖油烘烤，黃金爐烤南瓜飯米香飯甜。檸檬雪霜生乳酪蛋糕、鑄鐵鍋高溫烘烤出的草莓藍莓蔓越莓綜合季節莓果荷蘭鬆餅，是甜點精選。

既有莓果鬆餅，便少不了季節水果蜜茶，取小鍋將紅茶先煮出滋味，再將細切水果丁與現榨鮮果汁加入，季節水果蜜茶即便回沖個幾回，香氣未減。

哪裡吃

之間茶食器

(02)2629-7709　新北市淡水區中正路330號

〇九二・新北

石牆仔內休閒農園

大自然恩賜的高地咖啡

離淡水天元宮不遠處，坐落著台灣詩人李魁賢的老家，四合院的百年古厝築於高地，老遠便望見石牆，鄉親順口稱李家作「石牆仔內」。

愛上在奶奶家玩跳房子遊戲，聿盈從小在伯父李魁賢筆下的家鄉景物中長大，對古厝有股濃郁情感。李家子孫紛紛往外地發展，唯獨她留在祖厝，陪爸媽長輩守護著老家園。

熱衷咖啡研究的聿盈，將父親在老宅子上加蓋的景觀台布置出有如書房的空間，並選購許多有味道的個性杯具，賣起一杯杯手沖咖啡。隨興的她，同時用五穀雜糧中的南瓜子、亞麻仁、杏仁與麵粉，做出工序簡單、味道樸實的堅果餅乾搭配咖啡。

❶ 手工甜點。
❷ 堅果餅乾。
❸ 老房舍的屋瓦。
❹ 窗外整片綠意。

咖啡豆常因氣候不同烘焙出的品質也不同，棚架日曬、口感清新，熱帶水果香與堅果香兼具的衣索比亞耶加雪夫咖啡質地較好時，石牆仔內咖啡間的女主人會樂將大自然恩賜的這種風味推薦給她的客人。

水洗哥倫比亞咖啡未沖前，輕嗅那磨出的粉末，有種白色包穀（玉米）初煮熟掀蓋冒出的氣味，滾水緩沖，瀝出的汁液慢慢喝下，舌尖上滑過的，是餘韻無窮的滋味。

站在窗外的木廊上，一邊啜飲咖啡，一邊望向翠綠的遠方，是石牆仔內觀景咖啡最棒的感覺，凝視布滿歲月痕跡的老磚老瓦、百年茄苳樹，甚或春日的吉野櫻，心境格外恬適。

走下觀景咖啡的梯階，一樓是咖啡館主人母親掌理的媽媽味農園小吃，白斬土雞的沾醬，雖是最簡單的辣椒、醬油、香油，卻讓土雞大大加分；切成小塊的炸鰻魚看起來很像炸雞，鮮味卻超越炸雞。有刺蔥的時候，點個刺蔥煎蛋很不錯，如果採不到刺蔥，店主會到農園裡採來幼嫩香椿炒蛋，也是不二之選。

哪裡吃

石牆仔內休閒農園
(02)2621-0252　新北市淡水區忠寮里大埤頭3號

○九三・新北

阿芬破酥包

濃情破酥包

捨下緬甸的花生油煉油廠，老七帶著妻兒趕來台灣，在早年還是台北縣中和鄉的南勢角落戶，孩子們相繼出生，食指浩繁，光靠他一個人的粗工待遇，養活十口之家倍感吃力，數度在工地受傷，強忍痛楚硬撐著上工，讓妻子阿芬極其不忍。她從儲藏室整理出擀麵棍和麵盆，每天出門打零工前，率先把熱騰騰的破酥包蒸好交給丈夫，讓他安心在家賣包子維持家計。

南勢角華新街、忠孝街的周邊，群集著緬甸華僑與雲南老兵家眷，阿芬家的雲南破酥包沒多久便家喻戶曉，一做便做了幾十年，連大都會的雲南餐廳也慕名來訂購。每晚凌晨時分是老七固定的和麵時間，麵糰發酵好已近清

韭菜豬肉鹹餡包。

❶ 餡要鋪足卻不能滿溢。
❷ 保持間距整齊排列。
❸ 內餡滿滿芝麻包。

晨，貼心的孩子這時也從父親手中接棒，準備後續包包子的工作。

破酥包最複雜的地方在有層次的包子皮上，比例適中的油、水、麵粉和出軟麵糰後，秤重分割成等分，靜置半小時，才能一個一個地擀皮、疊起，再擀再疊，重複多次的擀疊工夫才能包餡。不同於一般以水和麵的包子，破酥包的外皮含油難密合，若非一雙巧手熟練拿捏，第二層才包好，第一層可能就鬆裂了。

香菇丁、筍丁、肉丁加韭菜末、洋蔥碎為餡的韭菜包，幾可媲美揚州著名的三丁包，是阿芬手工破酥包的人氣包款，餡料即使再豐富，咬開或撕開包子皮的當下，那美麗的紋理，絲毫不讓爽脆的內餡專美，捧著包子邊吃邊鑑賞，是吃破酥包的另種樂趣。

顧慮吃客糖分攝取過多有礙健康，老七在拌芝麻破酥包餡時，刻意降低了糖的分量，少糖的芝麻包反而突顯芝麻本身的香氣；韭菜包、芝麻包外，紅豆沙為餡的豆沙包，不失為意猶未盡之選。

哪裡吃

阿芬破酥包

(02)2947-1263　新北市中和區忠孝街1巷13號

〇九四・新竹

三十九號北埔擂茶

❶ 漂浮擂茶。
❷ 冰鎮擂茶。

古茶新製

「三國蜀將張飛征戰時，以磨細的生米、生薑、生茶、花生、芝麻和黃豆糊，解除了軍中瘟疫，三生茶從此被後世傳誦，還研發成今天的客家擂茶。」靜琪、素貞、素秋圍在母親身邊，邊喝擂茶，邊聽著那動人的古老傳說。

陶藝店的生意很穩定，可是總覺得生活中似乎少了什麼，看著一個個古雅的擂缽，從小便心意相通的三姐妹，在家庭會議後決定將客家擂茶列為主要營業項目，三十九號北埔擂茶，於民國八十七年低調開張，成為僻鄉最醒目的飲品店。

重視美術設計、藝術氣息濃厚的三十九號北埔擂茶店，完整鋪陳了早期客家風情於店中一景一物上，來客進店除了有沖好的熱擂茶可喝，還有擂茶粉加冰塊、冷水後以冰沙機打出的冰鎮擂茶、漂浮擂茶可消暑，也能參與趣味十足的擂茶現場ＤＩＹ。

早年客家擂茶本是耐飢鹹點，用的僅僅是

哪裡吃
三十九號北埔擂茶
(03)580-3157　新竹縣北埔鄉廟前街39號

❸ 擂茶需要耐心與專心。
❹ 茶葉、核果備於擂缽。

鹽、茶葉、香菜、蘿蔔乾等簡單素材，芝麻、花生類的乾果、豆類、穀物近年隨興加入後，吃法變得豐富花俏。假日示範擂茶操作的三姐妹，加上她們新生代生力軍外甥女昭妘，邊示範邊講述，就像母親當年般，繼續傳頌客家擂茶的典故。

將茶葉以擂缽、擂棒壓碎，順序加入花生或芝麻研磨至出油，再加入黃豆、綠豆、紅豆、米豆、花豆、白鳳豆、青豌豆、燕麥、蕎麥、大麥、紅小麥、高粱、小米、胚芽米、薏仁、淮山、芡實、百果與綠茶的擂茶粉持續研磨。

保持身體的平衡，快速轉動手上的擂棒，當所有食材研磨至沒有小塊結粒時，再以八十到九十度的沸水沖泡，加上外型頗似米香的炒米，香噴噴的擂茶，在活動到全身發熱後飲盡，有股描繪不盡的暢快！

〇九五・南投

空中的魚乳酪蛋糕

❶ 熱愛烘焙的店主。
❷ 紅茶乳酪蛋糕。

茶鄉喫茶去

半世紀前，魚池鄉上清純的採茶女，每天躬著身，辛勤地在茶園採茶，這是南投茶鄉茶園最動人的情景，也深深烙印在小魚的記憶中。

家裡開傳統西點麵包店，有心傳承家業的小魚，高職畢業退伍便進入五星級飯店烘焙坊，跟著熟手老師傅揉麵做麵包、蛋糕與西點，當他看到父親用讚許欣慰的眼神，細細品味著他做的乳酪蛋糕，暖意湧上心頭，他要求自己盡快擔負家計，讓父親安享退休生活。

天分與努力，讓小魚終於自創品牌「空中的魚」，專心拓展自己的乳酪蛋糕。身為魚池子弟，他把家鄉著名的阿薩姆紅茶茶汁，與同樣是阿薩姆紅茶研磨成的茶粉，揉入蛋糕麵糰，好紅茶與乳酪合而為一的這項嘗試，居然讓不愛乳酪氣味者，吃得一口接一口。

訂單如雪片飛來，其中還夾著忠實主顧的食後心得：「甜蜜卻感受不到負擔，是空中的

東昇南瓜質地佳。

魚紅茶乳酪蛋糕最迷人之處！」這讓藉作品推廣家鄉紅茶的小魚備受鼓舞，更嚴格地監製每盒紅茶乳酪蛋糕。

媽媽買回家的南瓜色澤如此美麗，小魚突然想起，西方人喜歡拿南瓜做派，如果把南瓜融入乳酪蛋糕，不知是什麼效果？初試成果並不理想，把南瓜加進乳酪裡，南瓜原本的滋味，竟蕩然無存。

那麼棒的食材怎麼入不了味呢？小魚不肯放棄，也絕不用南瓜罐頭或南瓜色素替代，只好從南瓜品種上釋疑，終於找出癥結所在——一般南瓜加熱後容易出水，與乳酪交融後，本身的氣味自然被稀釋。

直到找到冬日採收的東昇南瓜，雨水不多果肉厚實，香氣濃甜度高，終於和乳酪達成完美結合，切開南瓜乳酪蛋糕，那夾層於乳酪中的瓜泥，光豔如彩雲驕陽般。

【哪裡吃｜空中的魚乳酪蛋糕
0915-519966　南投縣魚池鄉魚池街433號】

○九六・雲林

Mishka Coffee & Antique

必點！

歌劇院蛋糕

❶ 具收藏價值的古董家具，是咖啡店的另一特色。
❷ 色澤鮮艷的「橘子屋」，是虎尾新地標。

宮廷風下午茶

熱愛歐洲古董家具的外籍女婿Maksim，與妻子在雲林虎尾地政事務所對面，費心營建了一間 Mishka 米嘻咖橘色咖啡館，把他們在台灣咖啡之鄉古坑以及世界各地蒐羅到的好咖啡，煮給咖啡同好分享。

花了八年時光在法國精研甜點，在享有餐飲界哈佛盛譽的雷諾特甜點學院取經，吳庭槐 Ting 致力將花都食尚帶回家鄉斗南，考究的食材、卓越的手藝，讓他很快地把瑪麗安東妮這個法國甜點自創品牌聲名打響，分布全台的甜點癡，逐一慕名網購，Maksim也是在客人引薦下，成為 Ting 的美點鐵粉。

好咖啡該與好甜點相佐，是Maksim與 Ting 的共識，投契的兩人決定攜手合作，瑪麗安東妮的甜點，自此在米嘻咖也能吃到，對虎尾陌生的外地客來到這兒，不僅從古董家具欣賞到歐洲巧匠的工藝，也同時享受到皇室美點加咖啡的高檔下午茶。

哪裡吃
Mishka Coffee & Antique
0919-801301　雲林縣虎尾鎮光明路111號

❸ 抹茶蒙布朗蛋糕。
❹ 玫瑰荔枝覆盆子巴法華斯小蛋糕。
❺ 好咖啡與好甜點相得益彰。

在氛圍極佳的 Mishka 咖啡店裡，蛋糕體刷上咖啡，並融入咖啡奶油霜，迴旋滴狀造型的歌劇院蛋糕，與衣索比亞日曬處理的耶加雪夫堪稱絕配；外型有如絲絨抱枕般華麗的玫瑰荔枝覆盆子巴法華斯小蛋糕，夾層分別是巴法華斯幕斯及海綿蛋糕體，夾著荔枝、覆盆子的果香與玫瑰花香，巴法華斯酸甜適中，佐以法國生產的歌劇茶最對味。

使用法國栗子泥、蛋白餅做出的栗子蒙布朗，原本就是法國甜點的經典，Mishka 篩選多時，挑出日本京都宇治丸久小山園所產的抹茶粉，配上馬達加斯加波本的香草豆莢、頂級發酵奶油，做出輪狀疊起、屹立如冠的抹茶蒙布朗，美得像雕塑的這款蛋糕，讓人愛到幾乎不捨入口。

○九七・屏東

Eake Place Coffee House

必點！

冷萃咖啡

❶ 法式鹹派。

❷ 音樂家系列巴哈咖啡。

國境之南的冷萃咖啡

每次從紐西蘭回到屏東老家，最讓 Tony 不習慣的，就是喝不到紐西蘭味道的咖啡。讓他始終想不通的是，國際咖啡大賽紐西蘭籍的評審比率那麼高，何以在咖啡消費文化這麼先進的台灣，想找一家紐西蘭風格的咖啡館卻那麼難？

與其求人不如求己，與身為珠寶設計師的妻子取得共識，主修理專的 Tony 決定在屏東最美的綠地千禧公園附近，打造一個純紐西蘭味道的烘焙咖啡館，喜歡南台灣熱情陽光的外籍觀光客，風聞後一一尋來。

唯恐屏東水的硬度太高，壞了費心焙出的好豆口感，Eake Place Coffee House 的店主 Tony 特別找到萬丹生產水的工廠，做出符合他要求的咖啡用水，水的濾心自是不能馬虎，凝聚著肉桂、豆蔻、烤青蘋果的氣味，味似啤酒的冷萃咖啡，便在這樣嚴苛的規格下完成。

八十二度水溫沖煮出的咖啡音樂家系列巴

普羅旺斯慢燉時蔬佐佛卡夏麵包。

哈來自哥斯大黎加，雙倍發酵產生出堅果味，喝上幾口稍予靜置，熱咖啡竟也同樣散發出酒香；經過水中二十四小時處理，瓜地馬拉所產的薇薇特南果咖啡融合著紅糖與烤堅果的氣味，與紐西蘭派皮為底的萬丹紅豆派極搭。

檸檬塔所選的雞蛋定須嚴選，蛋白不能有半點腥味，蛋黃得不停翻攪，火候掌控又得拿捏在不過熟、水分又適中的溫度。

不論有無飢餓感，最好都別錯過鹹食中的普羅旺斯慢燉時蔬佐佛卡夏麵包，這道菜所附的薯條更是經典，是店主花了許多工夫篩選出的成果，經二次炸的薯條，以義式青醬優格沾食，或是鄉村風味的 Kiwi 嬤嬤醬沾食，都是味覺的確幸。

哪裡吃
Eake Place Coffee House
(08)722-6266　屏東縣屏東市民享路142號

〇九八・宜蘭

可可德歐

酒香瀰漫的巧克力

順應雙親期望，捨棄餐飲科選擇電機系的國祥，入社會工作多年，遇上對烘焙店興趣濃厚的夥伴，幾經磋商，選在宜蘭的小社區邊創店。

樸實的宜蘭，罕見與台北同級的西點巧克力，更何況是有如五星級飯店烘焙坊等級的巧克力？典雅的裝潢或許更讓人產生隔閡感，初創業的可可德歐 CACAO D'OR 經營艱苦。

初時入股的夥伴逐一退出，只剩國祥一個人不捨放棄，他堅信美麗的蘭陽平原上一定不乏喜愛美點的人，只是自己的店面隱於非鬧區的靜僻處，需要足夠的時間才能讓人認識與關注。

想找些代表宜蘭味的食材，讓自己店裡

❶ 酒香葡萄（前）與蜜香酒頭（後）巧克力。
❷ 小小的巧克力烘焙坊溫馨雅緻。

的巧克力除了西方甜點的外貌，還擁有東方元素，國祥到枕頭山找到老阿嬤做的手工醬油，對上焦糖，包上85%黑巧克力，核心如同寶石的焦糖醍醐巧克力，咬開還會爆漿。

歐洲人吃橘味巧克力，所以金桔自然跟可可很搭，請漬果高手依自己的配方比例將金桔釀漬成金棗，烘乾後以72%黑巧克力包覆，一片小金棗貼在巧克力外層，蘭陽金棗巧克力樣貌討喜，有點石成金的感覺。

葡萄乾先以蘭姆酒略漬，再與蜂蜜、杏仁膏、蘭姆酒融和成餡，以72%+85%的巧克力包覆，酒香葡萄巧克力的口感，似乎夾雜了深色玫瑰的隱隱花香。

從老酒廠退休的師傅口中，得知米酒頭與蜂蜜口味極搭，他嘗試用85%的高濃黑巧克力包覆烈酒加蜂蜜調出巧克力內餡，蜜香酒頭巧克力吸引的，不單是女性巧克力偏好者。

可可德歐CACAO D'OR不知不覺走過五年，國祥的巧克力坊人氣日增，經營日趨穩定，他終於一圓少時夢想。

哪裡吃

可可德歐

(03)931-1833　宜蘭縣宜蘭市宜中路55號

必點！

提漿伍仁月餅

〇九九・宜蘭

吳師傅烘焙工坊

山腳下的月餅

普一食品曾是台北名店，每年中秋節前，店裡永遠擠滿了排隊等候提漿月餅、翻毛月餅出爐的刁嘴客，店長吳秉庠率領著二十來個糕餅師傅，在高規格要求的老闆督導下製餅，即使業績漂亮，老店東仍決定退休歇業，著名的普一月餅頓成絕響。

腦袋空蕩心裡沉重的秉庠，回到宜蘭礁溪白鵝山腳下的老家，整天對著門前綠油油的稻田發呆，三十年來兢兢業業的工作情景，與同事互道珍重的那份無奈，始終在眼前揮之不去。翱翔藍天的飛雁，突然啟示了他，少東家不是讓他把所有烘焙食材都帶回家了嗎？還允許他繼續沿用那塊金字老招牌做餅營生。

恢復在台北工作的鬥志與幹勁，吳師傅讓

提漿伍仁與椒鹽蘇式翻毛月餅。

❶ 生提漿月餅。 ❷ 牛肉酥。 ❸ 吳師傅。

名餅在蘭陽重振聲威。擀皮與壓皮間多了左右對折動作，油皮與酥皮層疊形成的翻毛月餅，與台式綠豆椪神似卻同中有異。以刀輕輕劃開，薄如宣紙的餅皮，猶如花瓣綻放，不同角度下，更似大鵬展翅翻掀而起的羽毛。鹽、黑芝麻與花椒為餡的翻毛椒鹽月餅，鹹香隨著咀嚼頻率不時暈開。

糖漿熬得純、麵粉下得多、麻油用得好諸般條件，方使提漿月餅的餅皮如同餅乾，脆硬不鬆散，越嚼越香。老普一的這味應景搶手吃食，單是熬糖漿跟揉實麵便費了吳師傅不少心力，松子仁、核桃仁、瓜子仁、杏仁、白芝麻仁加金桔提香的五仁餅餡，依所需熟度的不同，逐項細火慢炒，工夫省略不得，火候到位時，所有堅果仁才能迸發出合奏齊鳴的效果。

中秋餅期之外，阿庠師白鵝山腳的烘焙坊，餅爐仍未熄火，一盤接著一盤托出的牛肉酥，是他將炒製的牛肉乾乾屑，再行研細入餡製成，皮薄餡厚的牛肉酥，果然皮酥肉鮮，啖茶備增美趣。

【哪裡吃 吳師傅烘焙工坊
(03)928-3168　宜蘭縣礁溪鄉白鵝村柴圍路80-1號】

一〇〇・宜蘭
散步小河岸
必點！
覆盆子芒果千層

❶ 巧克力慕斯紅莓閃電泡芙。
❷ 摩洛哥杏桃塔。

河岸邊的美味泡芙

語言不通遭行員拒絕了開帳需求，走出銀行的佑真望著天空，想起離家前對雙親信誓旦旦，她怎麼能為了區區一點不順就打退堂鼓呢？她激勵自己，非得完成廚藝學院的烘焙深造，讓家鄉冬山河的岸邊，遊客也吃得到香榭大道的甜點。

從八里穀研所結業到法國再進修，佑真體驗到學藝欲精唯勤無他的道理，在無人訴苦的地方，她除了把精神全力專注於教授的重點提示外，已無餘暇再做其他事，直到登機廣播提醒她，自己已然學成，正邁向返鄉驗收成果的那刻。

當宜蘭鄉親咬下那滿是果核香的榛果閃電泡芙，異口同聲稱讚不絕於耳，佑真看到了雙親驕傲的神情，她力掩激動，炒榛果跟熬檸檬醬的那隻手，舞動得更為有力了。

即使店裡有了好口碑的不敗款，進階版的各色甜點還是要贏得各地而來吃客的肯定。迷

哪裡吃
散步小河岸
0963-773579（3日前預約）　宜蘭縣冬山鄉武淵村東八路123號

❸ 榛果閃電泡芙。 ❹ 美麗的蝴蝶以葡萄糖漿與白巧克力塑成。 ❺ 經典檸檬塔與芝麻千層派。

人的覆盆子果醬、脆脆的可可糖片組合出的巧克力慕斯紅莓閃電泡芙，幾乎只要送出就備受好評。

果膠有如花仙子的淚珠，鋪陳在巧克力片上，鮮覆盆子紅豔列隊其間，隔著派皮，最底層為芒果醬餡，美得讓人不忍揮刀切下的覆盆子芒果千層，果酸味濃郁。

足足試了三次，不是巧克力搶味便是開心果未入味，開心果比例增加後，杏桃開心果冰淇淋的成果果然令人開心。草莓與巧克力最對味，互融的草莓巧克力冰淇淋，足以打開冰封的胃口。

兩款冰淇淋最動人處，是置頂的手工小蝴蝶，以葡萄糖漿混和白巧克力，細緻塑型，與小花瓣攀附於黏土般的冰淇淋外圍，觀賞間，讓人不禁憶起生命中的所有美好事物……。

一〇一・台東

陳記麻糬

必點！

麻糬餅

❶ 等待包入麻糬皮的綠豆沙。
❷ 旗魚麻糬口味創新。
❸ 紅豆沙是最傳統的麻糬餡。

船長領航的老牌麻糬

阿和自幼懂事，好天氣的日子隨父親捕魚，壞天氣的時候自動自發幫母親包麻糬貼補家計，外公跟日籍老師傅學來的果子手藝，不僅傳承給了母親，也延續三代，交棒到阿和的手中。

喜歡大海的男孩，心中一直埋藏著當船長的心願，總盼著擁有自己漁船的一天能夠到來。生計所迫，使他無法讓包麻糬的手有所停歇，只能一有機會便隨友人出海，藉海釣撫平心中的遺憾。

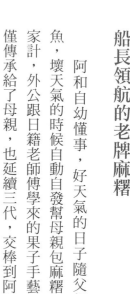

包麻糬包了半輩子，了解麻糬好吃的首要關鍵就是選米，阿和家的陳記麻糬，只選用有履歷的池上糯米來做，漂亮的糯米才送進陳記麻糬倉儲不久，就因為生意太好米用光了，立刻又得再進貨。

泡米、研磨、壓水、蒸熟、拍打，一粒米要成為一顆麻糬，總計要費上七個小時，當包好的新鮮麻糬才一出，顧客等不及打包回家嚐

❹ 每顆麻糬都以純手工包製。
❺ 剛蒸好的米糰需要拍打。

鮮，立刻取來送入口中，把麻糬外皮拉得跟比薩的起士一般長，臉上盡是滿足的神情，忘了拭汗的阿和，感覺就像看到海上的日出。

視旗魚為珍饈的阿和，花了不少時間與工夫，找到炒製旗魚酥的高手，在店裡基本的紅豆麻糬、綠豆麻糬、花生麻糬以及芝麻麻糬外，突發奇想，開發出以旗魚酥為餡的旗魚麻糬。

鹹甜並俱是漢餅中最不易掌握的調味，罕見的旗魚綠豆椪，內餡不僅包含了綠豆沙、旗魚酥，還少不了台式糕點的油蔥酥，因為炸油乾淨、油質好，加上油炸的火候適中，旗魚綠豆椪中的油蔥酥，竟然似有若無，不提絲毫覺察不出。

在妻子眼中，總是不厭其煩叮嚀顧客現買現吃、堅持每天麻糬一賣光就收工、絕不賣隔夜麻糬的丈夫阿和，不僅是員工心中的龜毛頭家，更是整個麻糬店最盡職的領航員。

哪裡吃

陳記麻糬
(089)353-286　台東縣台東市博愛路186號

LOHAS · 樂活

天蘭尋味：胡天蘭的美味點評101

2017年8月初版　　定價：新臺幣450元

著者	胡天蘭
叢書主編	林芳瑜
叢書編輯	林蔚儒
整體設計	許瑞玲

出版者	聯經出版事業股份有限公司
地址	台北市基隆路一段180號4樓
編輯部地址	台北市基隆路一段180號4樓
叢書主編電話	(02)87876242轉221
台北聯經書房	台北市新生南路三段94號
電話	(02)23620308
台中分公司	台中市北區崇德路一段198號
暨門市電話	(04)22312023
台中電子信箱	e-mail：linking2@ms42.hinet.net
郵政劃撥帳戶第	0100559-3號
郵撥電話	(02)23620308
印刷者	文聯彩色製版印刷有限公司
總經銷	聯合發行股份有限公司
發行所	新北市新店區寶橋路235巷6弄6號2樓
電話	(02)29178022

總編輯	胡金倫
總經理	陳芝宇
社長	羅國俊
發行人	林載爵

行政院新聞局出版事業登記證局版臺業字第0130號

本書如有缺頁，破損，倒裝請寄回台北聯經書房更換。　ISBN 978-957-08-4978-3 (平裝)
聯經網址：www.linkingbooks.com.tw
電子信箱：linking@udngroup.com

國家圖書館出版品預行編目資料

天蘭尋味：胡天蘭的美味點評101/胡天蘭著.
初版. 臺北市. 聯經. 2017年8月(民106年). 248面.
17×23公分(LOHAS · 樂活)
ISBN 978-957-08-4978-3(平裝)

1.餐飲業 2.飲食 3.文集 4.台灣

483.8　　106012271